Printed by Libri Plureos GmbH in Hamburg,
Germany

9 781649 291134

تعلم

Eureka Math®

الصف 1
الوحدة 1

Great Minds PBC is the creator of Eureka Math®,
Wit & Wisdom®, Alexandria Plan™, and Phd Science™.

Published by Great Minds PBC. greatminds.org

Copyright © 2020 Great Minds PBC. All rights reserved. No part of this work may be reproduced or used in any form or by any means—graphic, electronic, or mechanical, including photocopying or information storage and retrieval systems—without written permission from the copyright holder.

ISBN 978-1-64929-113-4

1 2 3 4 5 6 7 8 9 10 CCD 24 23 22 21 20

Printed in the USA

تعلم • تمرن • انجح

تتوفر مواد طلاب *®Eureka Math* لقصة الوحدات® *(من الروضة إلى الصف الخامس)* في ثلاثية تعلم، تمرن، انجح. تدعم هذه السلسلة التمايز والمعالجة مع الاحتفاظ بمواد الطلاب منظمة ويمكن الوصول إليها. سيجد المعلمون أن سلسلة كتب التعلم والممارسة والنجاح تقدم أيضًا موارد متماسكة - وبالتالي أكثر فعالية - للاستجابة للتدخل *(RTI)*، وممارسة إضافية والتعلم الصيفي.

تعلم

تُعد *Eureka Math Learn* بمثابة رفيق للطالب في الصف حيث يظهرون تفكيرهم، ويشاركون ما يعرفونه، ويشاهدون معرفتهم وهي تبني كل يوم. يضم كتاب التعلم تجميعة الواجب الدراسي اليومي - مسائل التطبيق وتذاكر الخروج ومجموعات المسائل والنماذج - بحجم يسهل حمله والتنقل به.

تمرن

يبدأ كل درس في *Eureka Math* بسلسلة من أنشطة الطلاقة النشطة والحيوية، بما في ذلك تلك الموجودة في تمارين *Eureka Math*. يمكن للطلاب الذين يجيدون حقائق الرياضيات الخاصة بهم إتقان المزيد من المواد بشكل أكثر عمقًا. مع كتاب الممارسة، يبني الطلاب الكفاءة في المهارات المكتسبة حديثًا ويعزّز التعلم السابق استعدادًا للدرس التالي.

يوفر كتابا التعلم التمارين كافة المواد المطبوعة التي سيستخدمها الطلاب لتدريس الرياضيات الأساسية.

نجاح

يُمكنّ قسم النجاح *Eureka Math* الطلاب من العمل بشكل فردي نحو الإتقان. تضفي مجموعات المسائل الإضافية محاذاة الدرس تلو الدرس مع تعليمات الفصل الدراسي أجواء مثالية للاستخدام كواجب منزلي أو تدريب إضافي. يرافق مساعد الواجبات المنزلية كل مجموعة مسائل، وهي عبارة عن الأمثلة العملية التي توضح كيفية حل المسائل المماثلة.

يمكن للمعلمين والمربيين استخدام كتب النجاح من مستويات الصف السابق كأدوات متوافقة مع المناهج لملء الفجوات في المعرفة التأسيسية. سيزدهر الطلاب ويتقدمون بشكل أسرع حيث تسهّل النماذج المألوفة الاتصال بمحتواهم الحالي على مستوى الصف.

EUREKA MATH®

الطلاب والأسر والمعلمين:

نشكرك على كونك جزءًا من مجتمع *Eureka Math®*، حيث نحتفل برونق الرياضيات وتساؤلاتها وإثاراتها.

في الفصل الدراسي *Eureka Math*، يتم تنشيط التعلم الجديد من خلال التجارب الغنية والحوار. يضع كتاب التعلم بين يدي كل طالب المطالبات وتسلسل المسائل التي يحتاجون إليها للتعبير عن تعلمهم وتعزيزه في الفصل.

ماذا يوجد بكتاب التعلم؟

مسائل تطبيقية: يعد حل المسائل في سياق العالم الواقعي جزءًا يوميًا من *Eureka Math*. يبني الطلاب الثقة والمثابرة وهم يطبّقون معرفتهم في مواقف جديدة ومتنوعة. يشجع المنهج الطلاب على استخدام عملية RDW - اقرأ المسألة، وارسم لفهمها، واكتب معادلةً وحلًا. يُسهّل المعلمون أثناء مشاركة الطلاب لعملهم وشرح استراتيجيات الحلول لبعضهم البعض.

مجموعات المسائل: توفر مجموعة المسائل المتسلسلة بعناية فرصة داخل الفصل للعمل المستقل، مع نقاط دخول متعددة للتمايز. يمكن للمعلمين استخدام عملية التحضير والتخصيص لتحديد مسائل "يجب القيام به" لكل طالب. سيكمل بعض الطلاب مسائل أكثر من الآخرين؛ المهم هو أن جميع الطلاب لديهم فترة 10 دقائق للتدريب على ما تعلموه على الفور، بدعم خفيف من معلمهم.

يحضر الطلاب مجموعة المسائل معهم إلى النقطة النهائية في كل درس: استعلام الطالب. هنا، يتأمل الطلاب مع أقرانهم ومعلميهم، في توضيح وتعزيز ما تساءلوا عنه، ولاحظوه، وتعلموه في ذلك اليوم.

تذاكر الخروج: يُظهر الطلاب لمعلمهم ما يعرفونه من خلال عملهم على تذكرة الخروج اليومية. يوفر التحقق من الفهم للمعلم أدلة قيّمة في الوقت الفعلي حول فعالية تعليمات ذلك اليوم، مما يمنح رؤية ثاقبة حول مكان التركيز التالي.

النماذج: من وقت لآخر، تتطلب مسألة التطبيق أو مجموعة المسائل أو أي نشاط آخر في الفصل الدراسي أن يكون لدى الطلاب نسختهم الخاصة من صورة أو نموذج قابل لإعادة الاستخدام أو مجموعة بيانات. يُعرض كل درس من هذه النماذج مع الدرس الأول الذي يتطلب ذلك.

أين يمكنني معرفة المزيد عن موارد *Eureka Math*؟

يلتزم فريق Great Minds® بدعم الطلاب والأسر والمعلمين من خلال مكتبة من الموارد المتزايدة باستمرار والمتوفرة على eureka-math.org. يقدم الموقع أيضًا قصصًا ملهمة عن النجاح في مجتمع *Eureka Math*. شارك أفكارك وإنجازاتك مع زملائك المستخدمين من خلال أن تصبح بطل *Eureka Math*.

أطيب التمنيات لسنة مليئة بلحظات!

Jill Diniz

جيل دينيز

مدير الرياضيات

Great Minds

عملية القراءة والكتابة

يدعم منهج Eureka Math الطلاب أثناء حل المسائل باستخدام عملية بسيطة ومتكررة قدّمها المعلم. تدعو عملية القراءة – الرسم – الكتابة (RDW) الطلاب إلى

1. قراءة المسألة.
2. ارسم وعنوّن.
3. اكتب معادلة.
4. اكتب كلمة من جملة (بيان).

يتم تشجيع المعلمين على تعزيز العملية التعليمية عن طريق الأسئلة الاعتراضية مثل

- ماذا ترى؟
- هل يمكنك رسم شيء؟
- ما الاستنتاجات التي يمكنك استخلاصها من الرسم الخاص بك؟

كلما زاد شارك الطلاب في التفكير من خلال المسائل مع هذا النهج المنهجي المنفتح، زاد استيعابهم لعملية التفكير وتطبيقها تلقائيًا لسنوات قادمة.

المحتويات

الوحدة 1: المبالغ والاختلافات إلى 10

الموضوع أ: الأرقام المضمّنة والتحليلات

الدرس 1 1
الدرس 2 9
الدرس 3 15

الموضوع ب: العد بداية بالأرقام المضمّنة

الدرس 4 23
الدرس 5 31
الدرس 6 39
الدرس 7 51
الدرس 8 61

الموضوع ج: إضافة المسائل الكلامية

الدرس 9 67
الدرس 10 75
الدرس 11 81
الدرس 12 87
الدرس 13 93

الموضوع د: الاستراتيجيات المعنية بالحساب

الدرس 14 99
الدرس 15 105
الدرس 16 111

الموضوع د: خاصية الإبدال للجمع وعلامة التساوي

الدرس 17 117
الدرس 18 123
الدرس 19 129
الدرس 20 135

الموضوع هـ: تطوير طلاقة الجمع في نطاق 10

الدرس 21	141
الدرس 22	149
الدرس 23	155
الدرس 24	163

الموضوع ز: الطرح كمسألة إضافة مجهول

الدرس 25	169
الدرس 26	177
الدرس 27	185

الموضوع ز: المسائل الكلامية للطرح

الدرس 28	191
الدرس 29	197
الدرس 30	203
الدرس 31	209
الدرس 32	215

الموضوع ح: استراتيجيات التحليل للطرح

الدرس 33	221
الدرس 34	227
الدرس 35	233
الدرس 36	239
الدرس 37	245

الموضوع س: تطوير طلاقة الطرح في نطاق 10

الدرس 38	251
الدرس 39	261

اقرأ

وجدت درة 5 أوراق تطايرت من خلال النافذة. ثم، وجدت ورقتين آخريتين قد تطايريتا. ارسم صورة واستخدم الأرقام لتوضيح عدد الأوراق الكلي الذي تطاير من درة.

ارسم

اكتب

الاسم ____________________ التاريخ ____________

ضع دائرة حول 5، ثم اعمل رابطًا رقميًا.

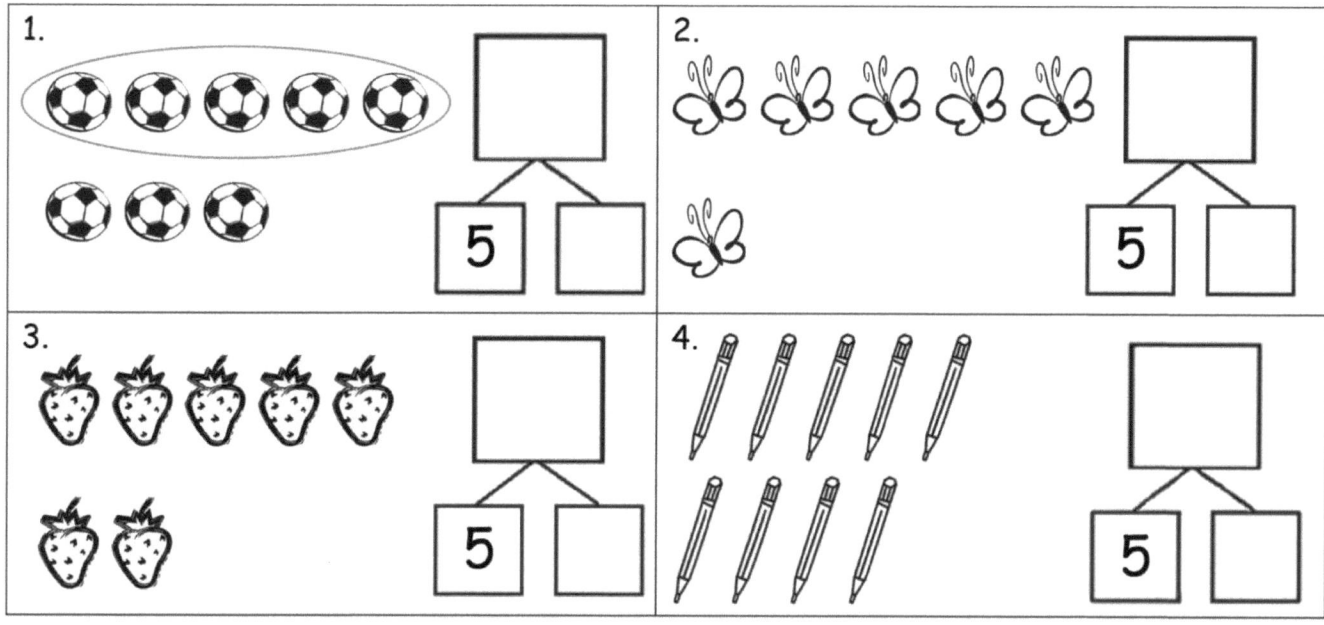

1.
2.
3.
4.
ضع طلاء الأظافر على عدد أظافر اليدين الموضحة من اليسار إلى اليمين. ثم، املأ الأجزاء. اجعل الرقم على أظافر اليدين على يد واحدة بشكل منفصل.

5.
6.

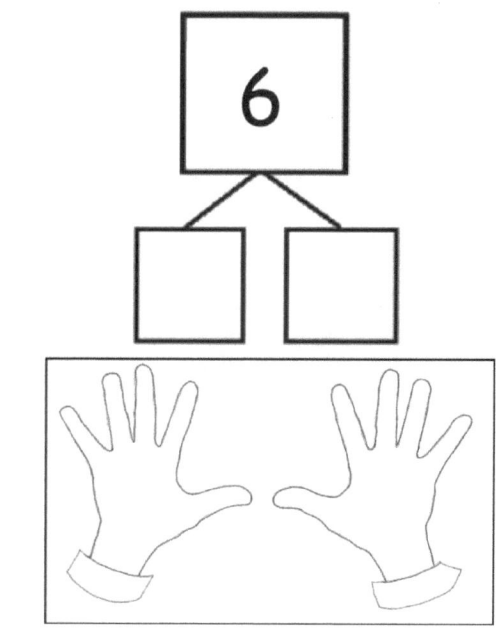

اعمل رابطًا رقميًا يُظهر الرقم 5 كجزء واحد.

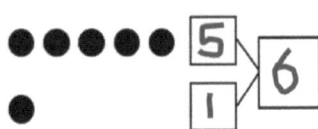

7.
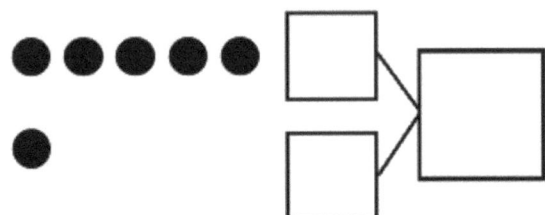

8.
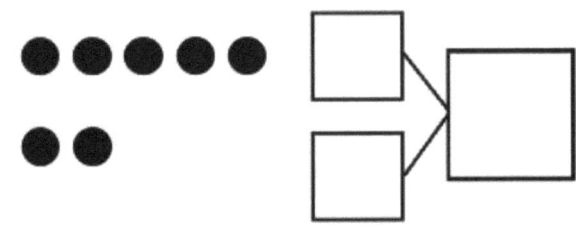

9.
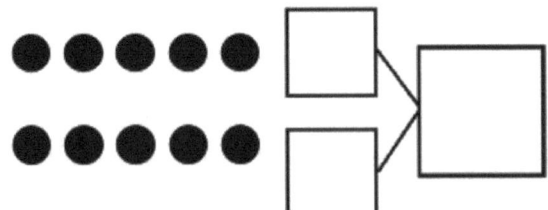

10.
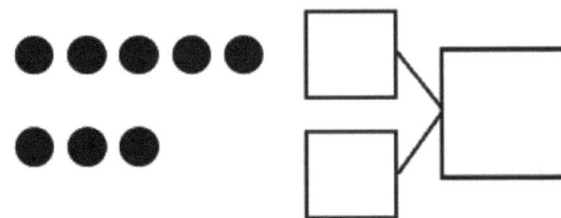

11.
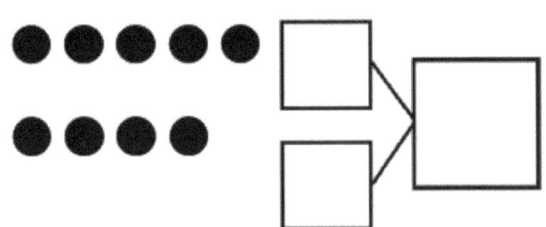

12.
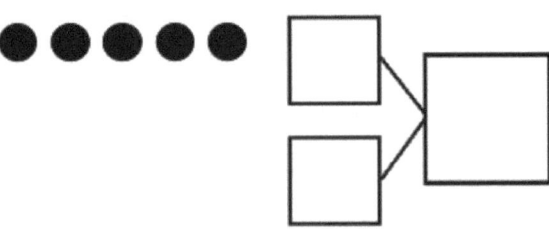

قصة الوحدات | الدرس 1 تذكرة الخروج | 1•1

الاسم _____ التاريخ _____

حدد - ارسم بدل اجعل الرابط الرقمي

1.
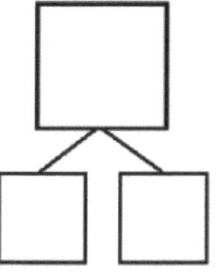

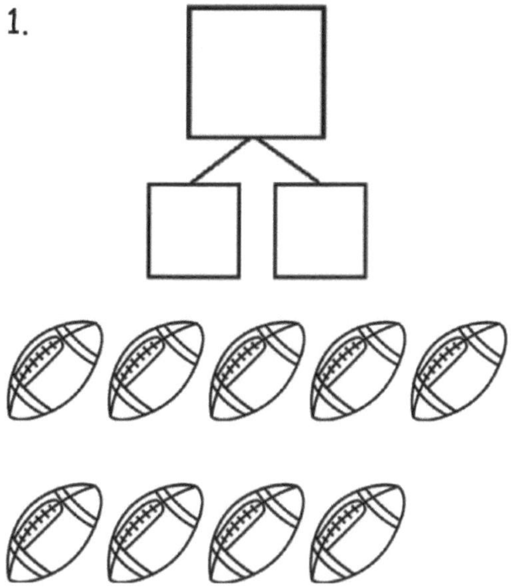

2.

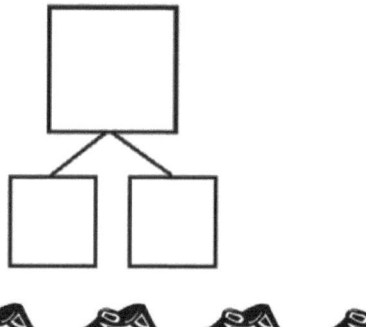

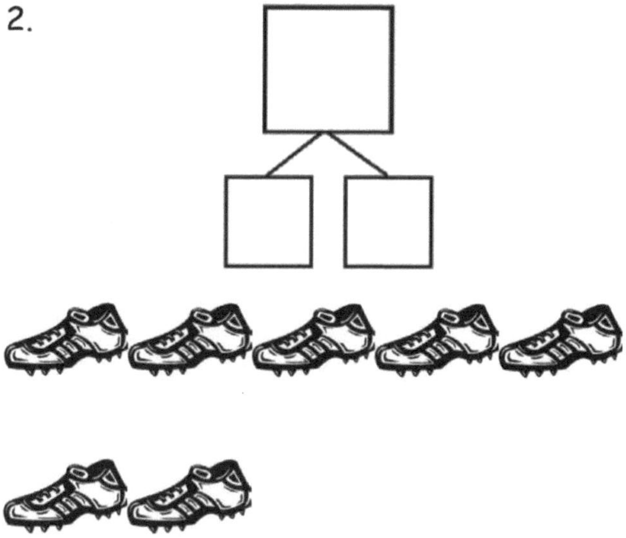

الدرس 1: حلل وصف الأرقام المضمنة (إلى 10) باستخدام مجموعة من 5 والروابط الرقمية.

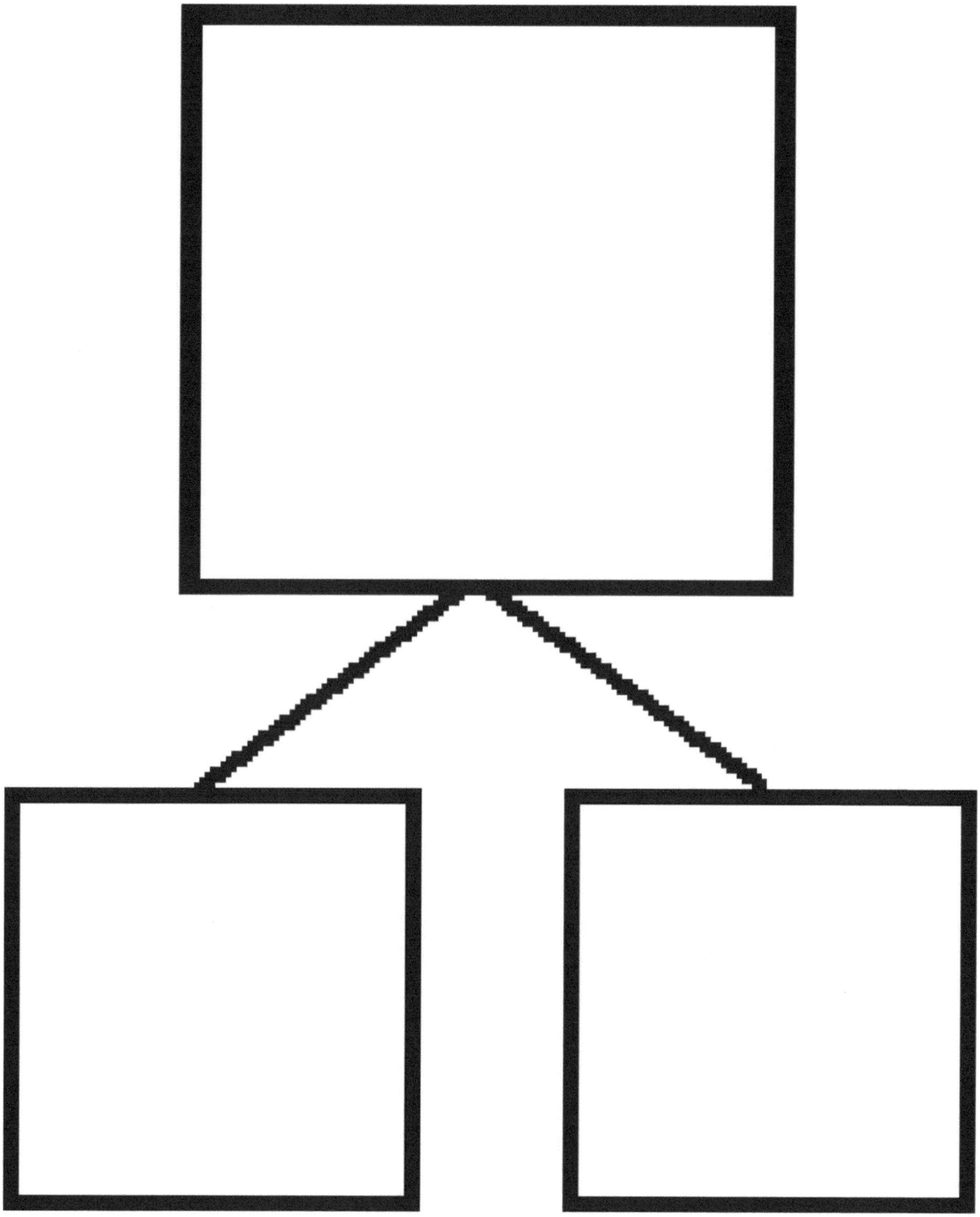

| قصة الوحدات | الدرس 1 تذكرة الخروج | 1●1 |

الرابط الرقمي

الدرس 1: حلل وصف الأرقام المضمنة (إلى 10) باستخدام مجموعة من 5 والروابط الرقمية.

7

اقرأ

سكبت بيلا بعض الأقلام الرصاصية على السجادة. جاءت جينو لمساعدتها في التقاطها. وجدت جينو 5 أقلام رصاص تحت المكتب ووجدت بيلا 4 أقلام رصاص بجوار الباب. كم عدد أقلام الرصاص التي وجدوها معًا؟ ارسم ما معنى صورة رياضيات؟ واكتب الرابط الرقمي ورقم الجملة التي يحكي القصة.

ارسم

اكتب

وجدتا ___ أقلام الرصاص.

الاسم _____ التاريخ _____

ضع دائرة حول جزئين تراهما. اصنع رابطًا رقميًا للمطابقة.

1.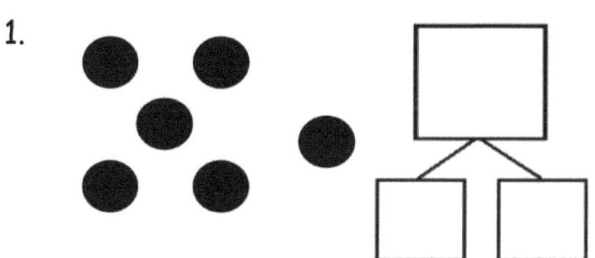

2.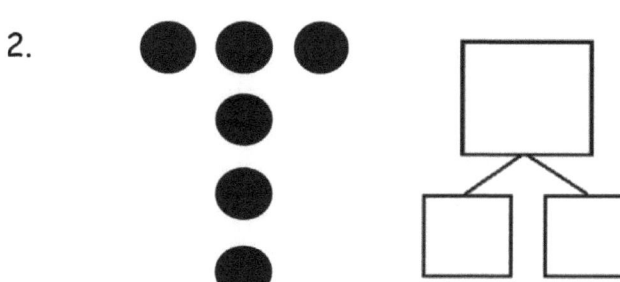

3.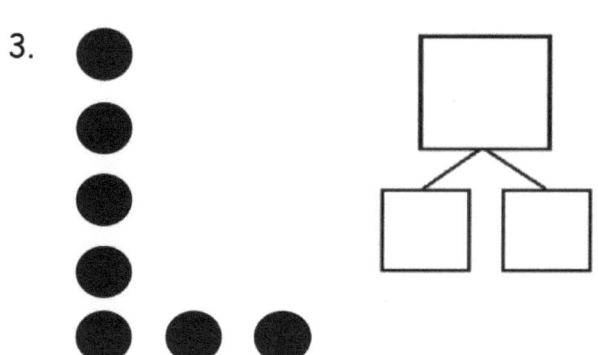

4.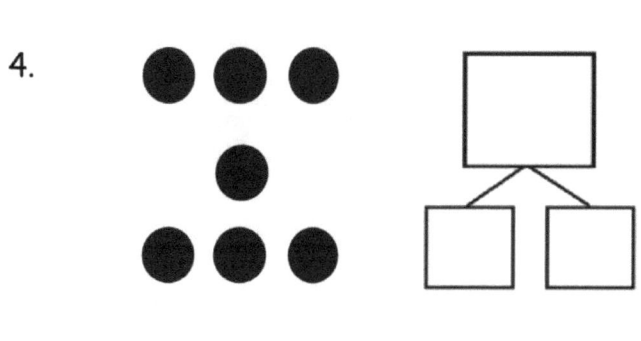

5.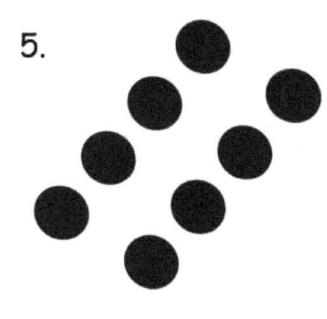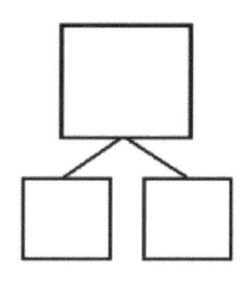

6.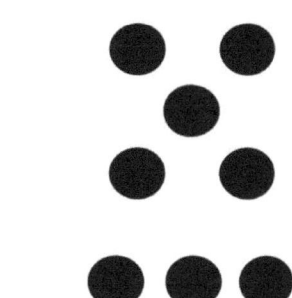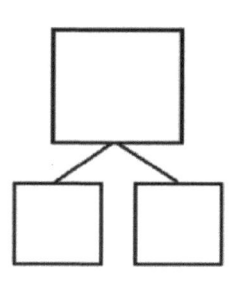

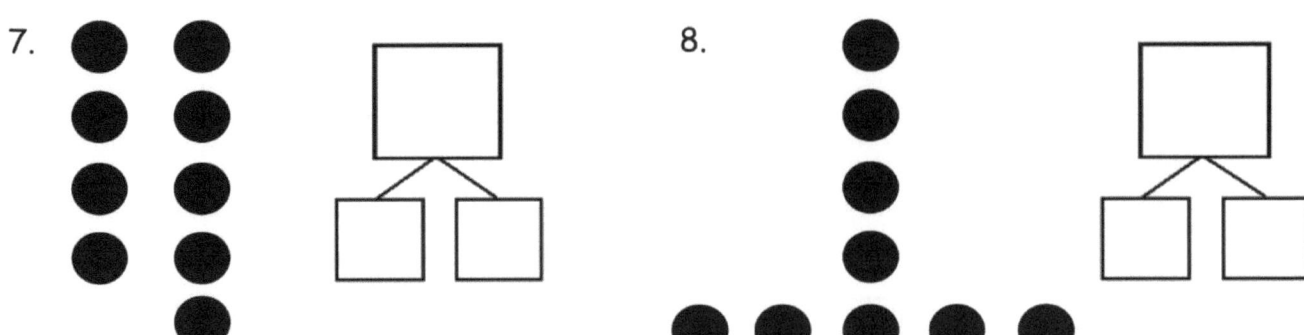

7.

8.

9 كم عدد قطع الفواكه التي تراها؟ اكتب على الأقل رابطين رقميين مختلفين لإظهار طرق مختلفة لتفكيك الإجمالي.

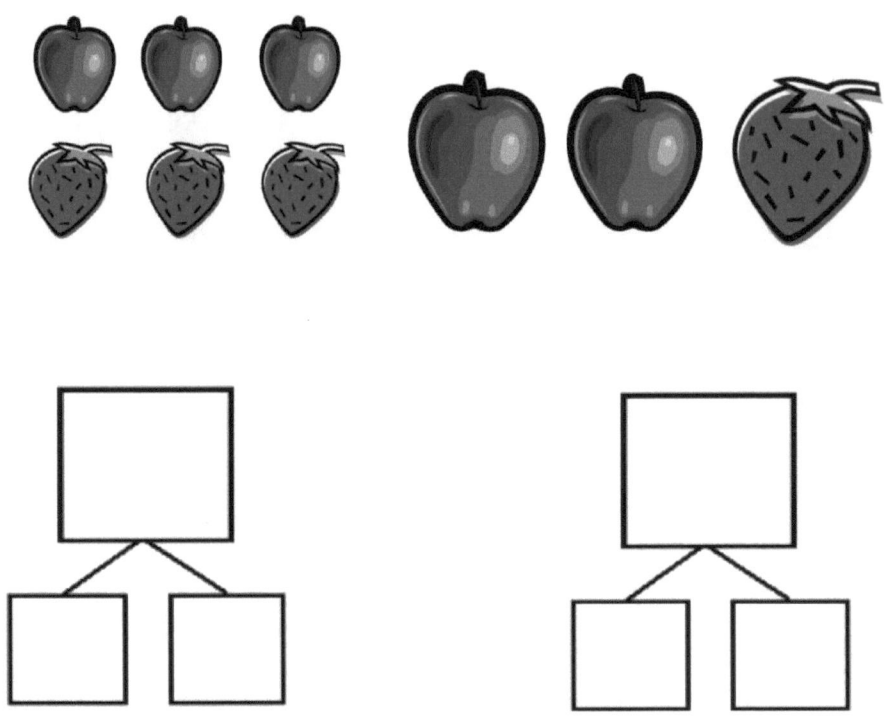

قصة الوحدات   الدرس 2   تذكرة الخروج   1•1

الاسم _____   التاريخ _____

ضع دائرة حول جزئين تراهما. اصنع رابطًا رقميًا للمطابقة.

1.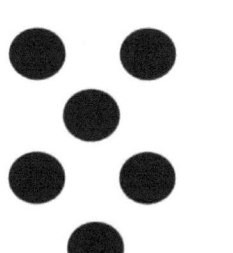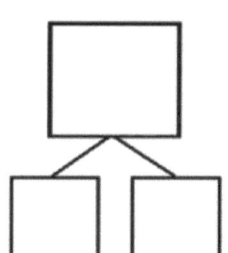

2.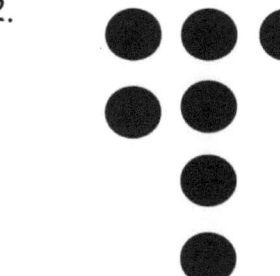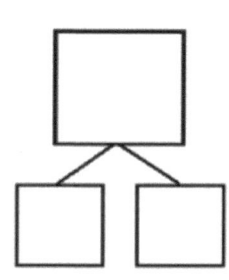

3.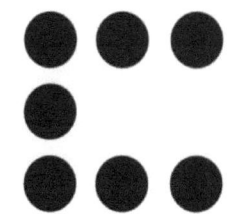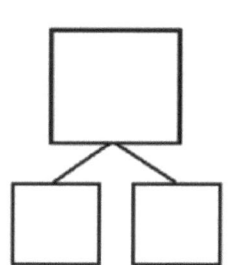

4.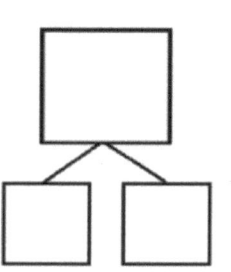

اقرأ

أليكس كان لديه 9 كرات بلي في يده. أخفى يديه خلف ظهره ووضع البعض في يد والبعض الآخر في يد أخرى. كم عدد كرات البلي في كل يد؟

استخدم الصور أو الأرقام لرسم الرابط الرقمي لإيضاح فكرتك.

ارسم

اكتب

الاسم ________________ التاريخ ________________

ارسم واحدًا آخر في المجموعة من 5. في المربع، اكتب الأرقام التي تصف الصورة الجديدة.

.1

1 زائد 7 يكون ______.

$7 + 1 =$ ______

.2

1 زائد 9 يكون ______.

$9 + 1 =$ ______

.3

1 زائد 6 يكون ______.

$6 + 1 =$ ______

.4

1 زائد 5 يكون ______.

$5 + 1 =$ ______

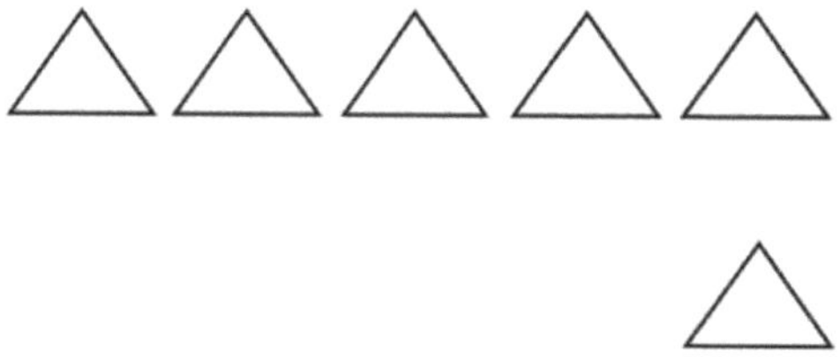

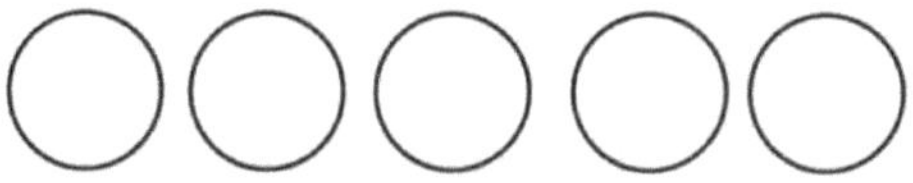

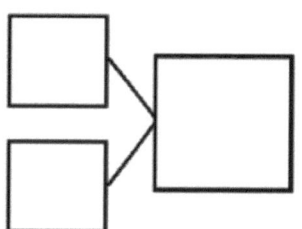

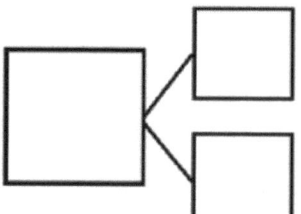

قصة الوحدات | الدرس 3 مجموعة المسائل | 1•1

5.

يكون 1 زائد 8 _____.

_____ = 1 + 8

6.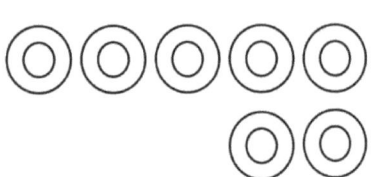

يكون 1 زائد 7 _____

1 + 7 = _____

7. Q Q Q Q Q
   Q

يكون 1 زائد 6 _____

1 + 6 = _____

8.

يكون 1 زائد 5 _____

1 + 5 = _____

9. تخيل إضافة حقيبة ظهر أخرى إلى الصورة. ثم، اكتب الأرقام لتطابق عدد حقائب الظهر الموجودة.

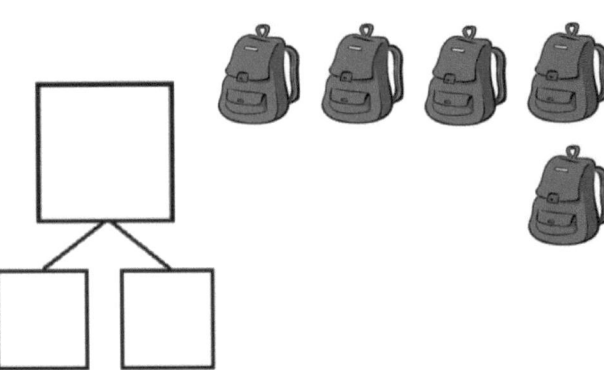

1 زائد 7 يكون _____.

_____ = 1 +

18 | الدرس 3: شاهد وصف عدد الاشياء باستخدام طريقة أخرى ضمن تكوينات مجموعة من 5.

EUREKA MATH

الاسم ______________ التاريخ ______________

كم عدد الكائنات التي تراها؟ ارسم واحدًا آخر. كم عدد الكائنات الموجودة هناك؟

.1

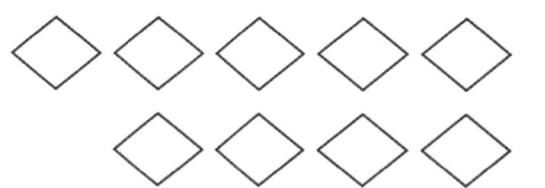

1 زائد 9 يكون ______.

9 + 1 = ______

.2

1 زائد 6 يكون ______.

______ + 1 = ______

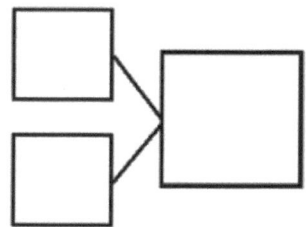

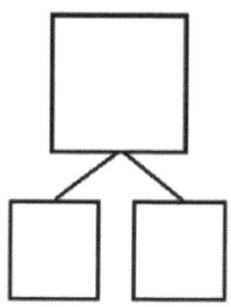

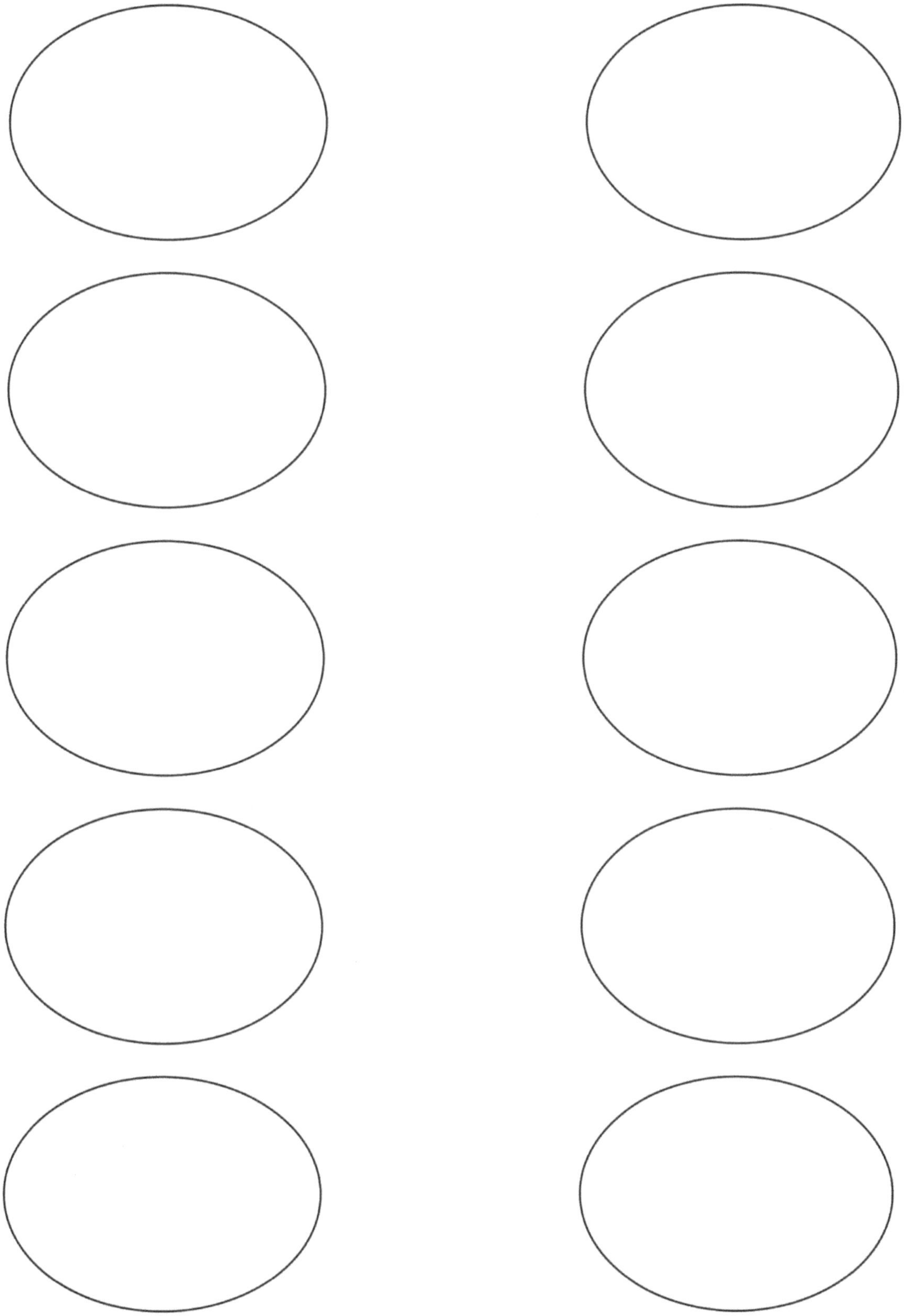

الدرس 3 نموذج المجموعة من 25 على ورق مقوى

1•1

قصة الوحدات

ورق كرتون مقوى به مجموعات من 5

الدرس 3: شاهد وصف عدد الاشياء باستخدام طريقة أخرى ضمن تكوينات مجموعة من 5.

21

اقرأ

صفنا يحتوي على 4 حبات قرع. يوم الإثنين، أحضرت مارتا حبة قرع أخرى، كم عدد حبات القرع الموجودة بفصلنا يوم الإثنين؟

يوم الثلاثاء، أحضر بيتو حبة بيتو أخرى. كم عدد حبات القرع في صفنا يوم الثلاثاء؟

ثم، يوم الأربعاء، أحضرت شيا قرعة أخرى. كم عدد حبات القرع في صفنا يوم الأربعاء؟

ارسم صورة واكتب جملة الأرقام لتوضيح بماذا تفكر. ماذا تلاحظ حول ما يحدث كل يوم؟

تمديد: إذا استمر هذا النمط، فكم عدد حبات القرع سيكون لدينا صف يوم الجمعة؟

قصة الوحدات الدرس 4 مسائل تطبيقية 1•1

ارسم

اكتب

_____

_____

_____

الدرس 4: اشرح وضع مواقف مجتمعة مع الروابط الرقمية. يمكنك العد بدايةً من رقم أو جزء مُضمّن واحد حتى يصل إلى الإجمالي 6 و 7 وإنشاء جميع تعبيرات الإضافة لكل إجمالي.

الاسم _____ التاريخ _____

طرق تكوين 6.

استخدم صورة التفاحة لمساعدتك في كتابة كافة الطرق المختلفة لتكوين 6.

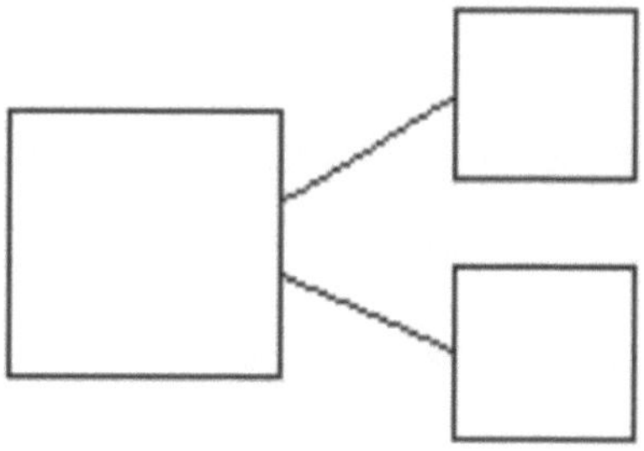

☐ + ☐

☐ + ☐

☐ — ☐
     ☐

☐ — ☐
     ☐

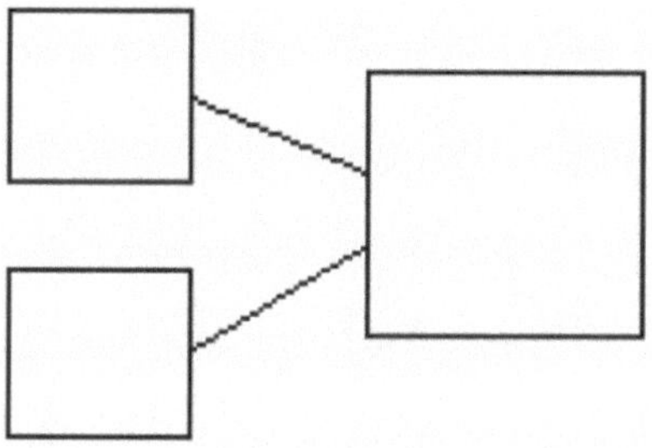

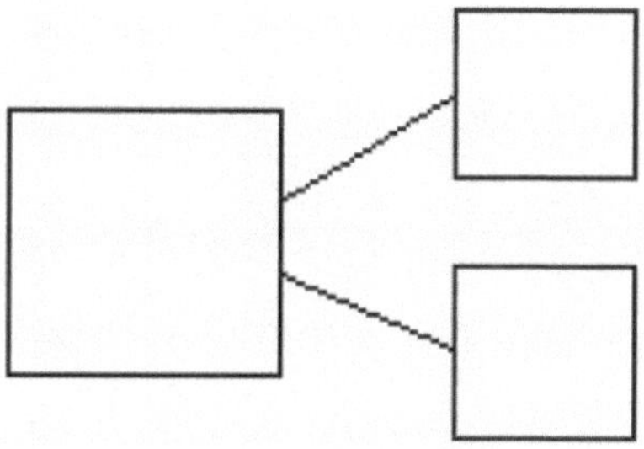

☐ + ☐

☐ + ☐

☐ + ☐

☐ + ☐

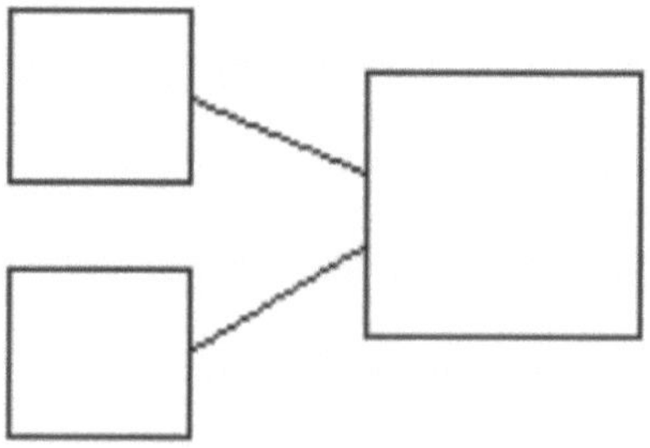

☐ — ☐
     ☐

☐ — ☐
     ☐

☐ + ☐

☐ + ☐

الاسم ______________________ التاريخ ______________

اعرض طرق مختلفة لتكوين 6, في كل مجموعة، ظلل بعض الدوائر واترك الباقيين فارغة.

اكتب رابط رقمي يطابق هذه الصورة.

اكتب جملة رقمية تطابق هذه الصورة.

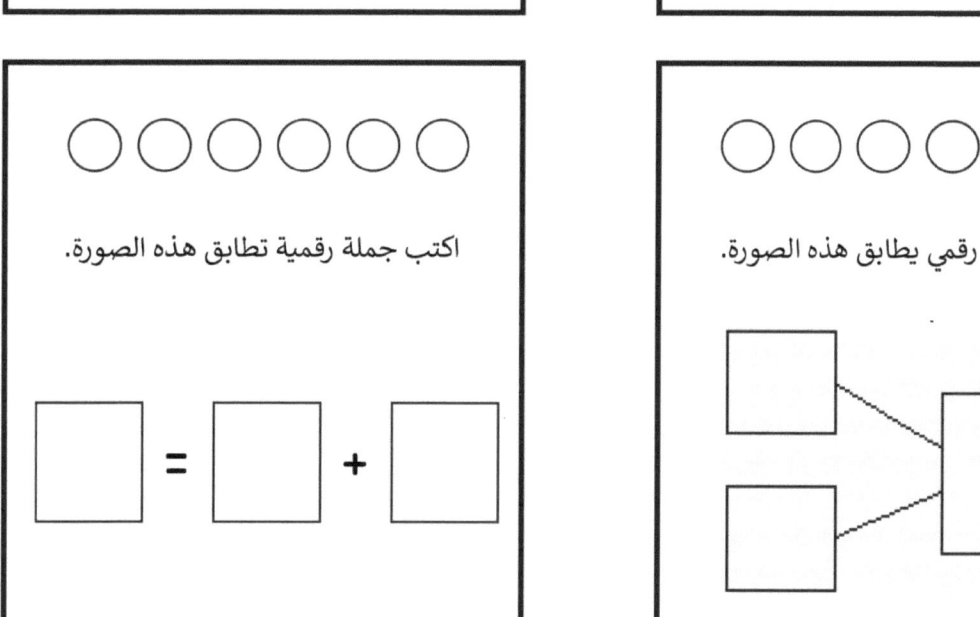

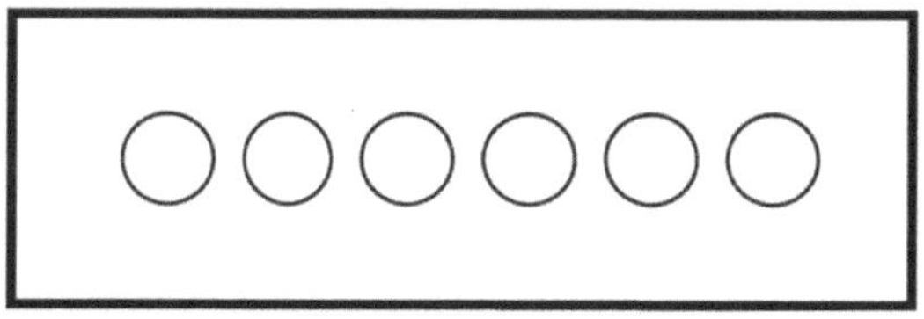

| 1•1 | الدرس 4 نموذج | | قصة الوحدات |

بطاقة مصورة بها 6 تفاحات

الدرس 4: اشرح وضع مواقف مجتمعة مع الروابط الرقمية. يمكنك العد بداية من رقم أو جزء مُضمّن واحد حتى يصل إلى الإجمالي 6 و7 وإنشاء جميع تعبيرات الإضافة لكل إجمالي.

اقرأ

يمتلك ماركوس 6 قطع حلوى. قرر إعطاء بعضهم إلى والدته والاحتفاظ ببعضها لنفسه، واستخدم الصور والأرقام لإظهار طريقتين يمكن لماركوس تقسيم 6 قطع من الحلوى.

ارسم

اكتب

قصة الوحدات	الدرس 5 مجموعة المسائل	1•1

الاسم _____	التاريخ _____

طرق تكوين 7. استخدم صورة الفصل لمساعدتك في كتابة التعبيرات والروابط الرقمية لإظهار كل الطرق المختلفة لتكوين 7.

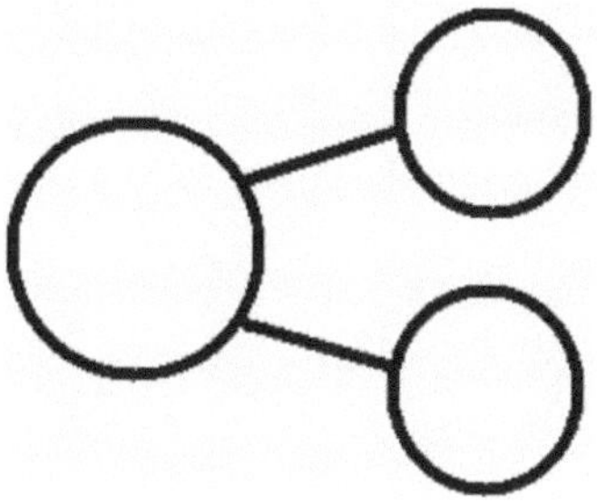

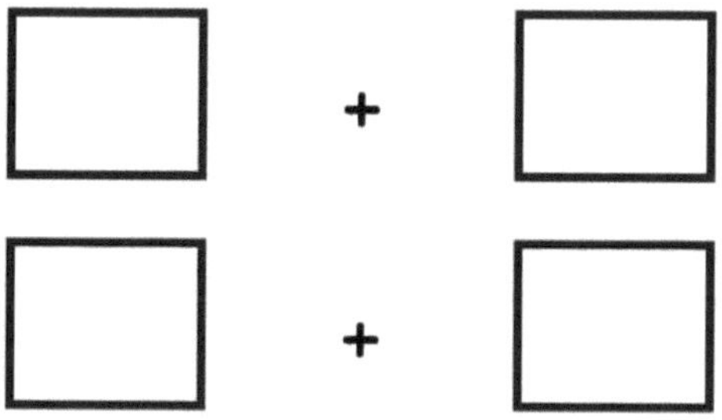

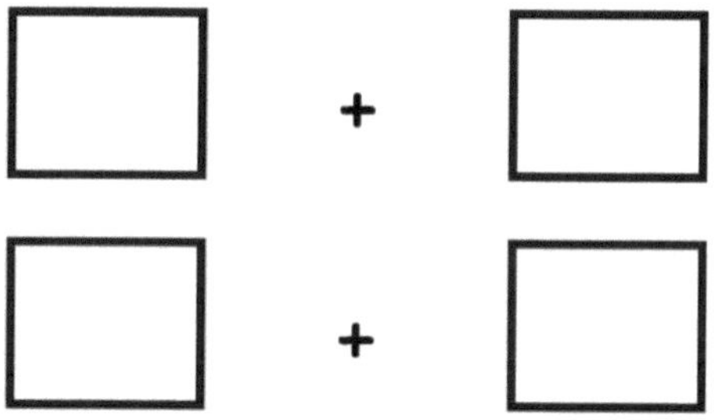

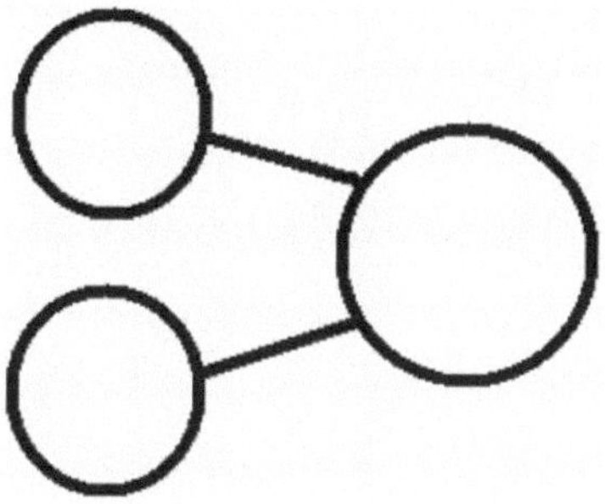

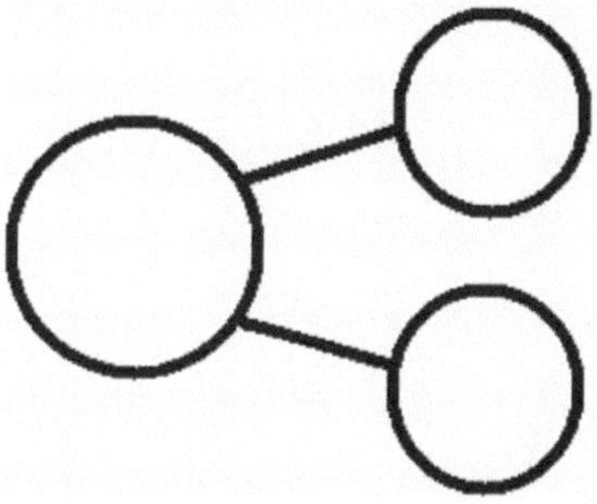

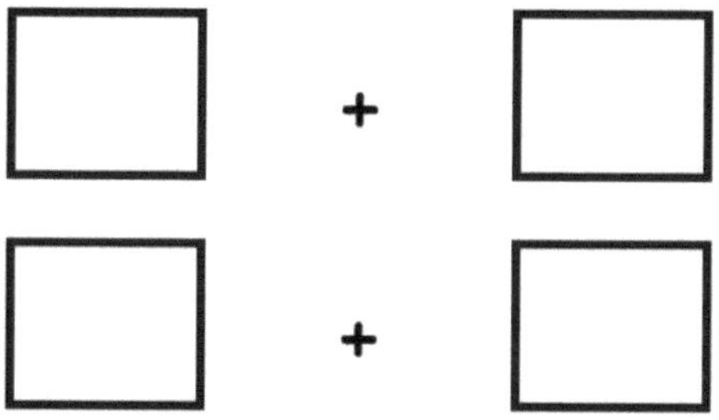

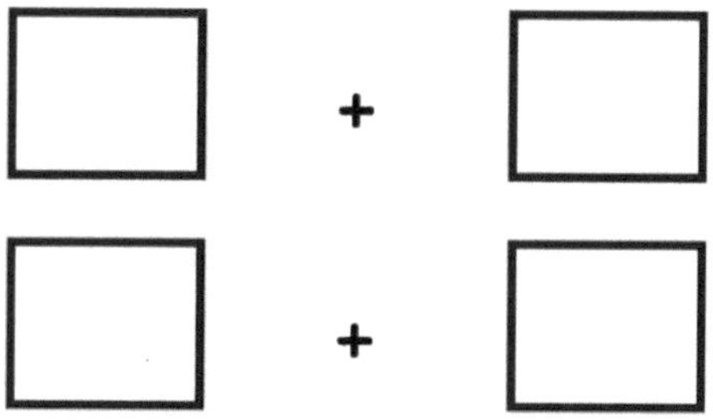

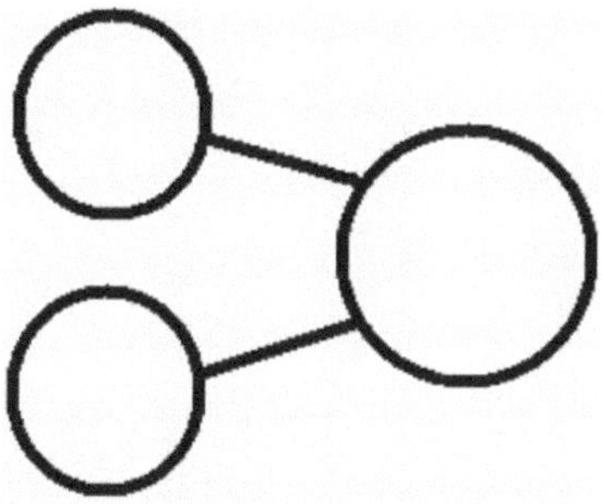

1•1 الدرس 5 تذكرة الخروج
قصة الوحدات

الاسم ________________________ التاريخ ________________

قم بتلوين نردين معًا لتكوين 7. ثم، املأ الرابط الرقمي والجمل الرقمية لتتناسب مع النرد الذي لوّنته.

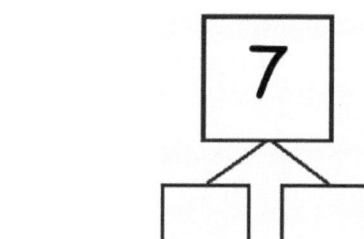

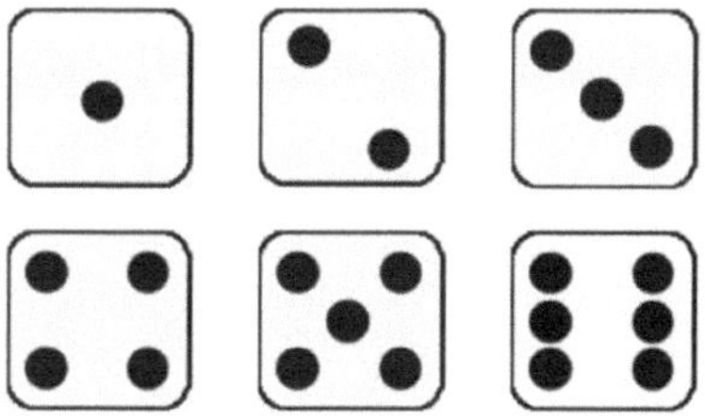

7 = ☐ + ☐

7 = ☐ + ☐

☐ + ☐ = 7

☐ + ☐ = 7

الدرس 5: اشرح وضع مواقف مجتمعة مع الروابط الرقمية. يمكنك العد بداية من رقم أو جزء مُضمَن واحد حتى يصل إلى الإجمالي 6 و 7 وإنشاء جميع تعبيرات الإضافة لكل إجمالي.

7 بطاقات صور عليها أطفال

الدرس 5: اشرح وضع مواقف مجتمعة مع الروابط الرقمية. يمكنك العد بدايةً من رقم أو جزء مُضمّن واحد حتى يصل إلى الإجمالي 6 و 7 وإنشاء جميع تعبيرات الإضافة لكل إجمالي.

اقرأ

توم لديه 4 سيارات حمراء و3 سيارات خضراء. ديف لديه 5 سيارات حمراء و2 سيارة خضراء. يعتقد ديف أن لديه سيارات أكثر من توم. هل ديف على حق؟ ارسم صورة لتوضيح كيف تعرف. اكتب الرابط الرقمي لإظهار كل مجموعة من سيارات الأولاد.

ارسم

اكتب

الاسم _____ التاريخ _____

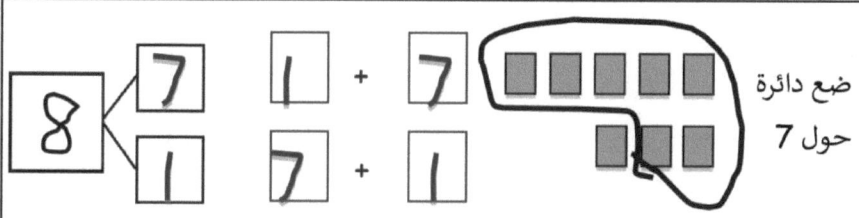

ضع دائرة حول الجزء. احسب لإظهار الرقم 8 بالصورة والربط الرقمي. اكتب التعبيرات.

1. لوّن 6. كم يلزم للرقم 6 لتكوين 8؟

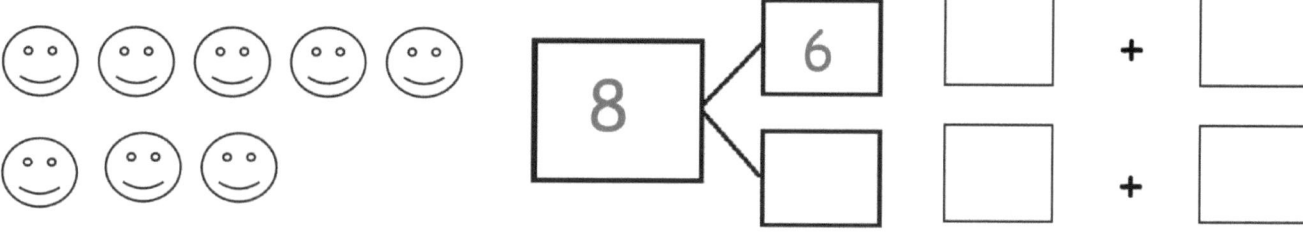

2. ضع دائرة حول 5. كم يلزم للرقم 5 لتكوين 8؟

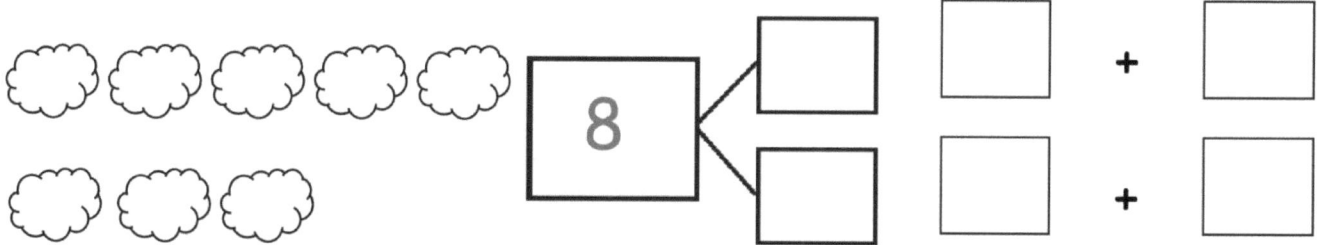

3. لوّن 4. كم يلزم للرقم 4 لتكوين 8؟

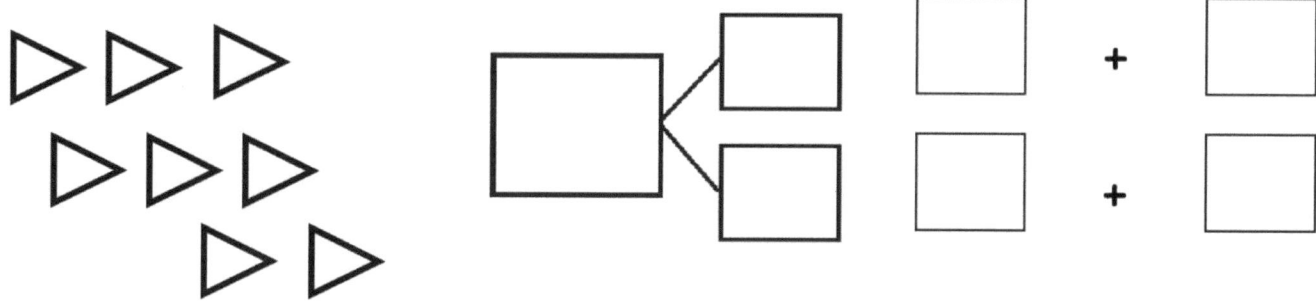

4. هذه الروابط الرقمية موجودة بالترتيب، بدءًا من الجزء الأكبر أولاً. اكتب لعرض أي الروابط الرقمية ناقصة.

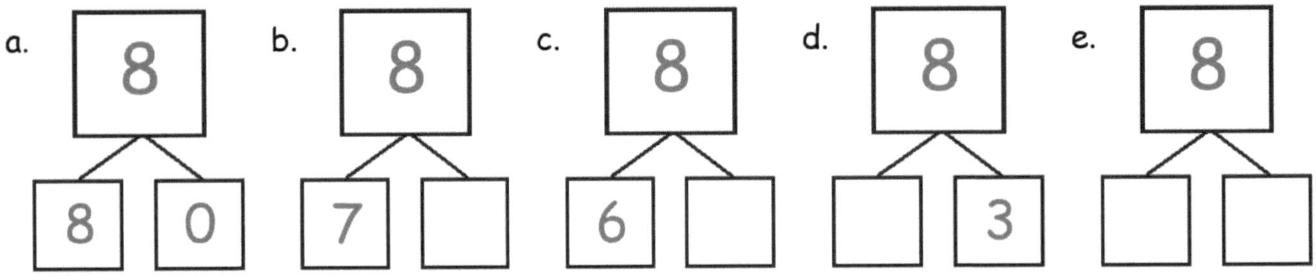

a. 8 / 8 0
b. 8 / 7 ☐
c. 8 / 6 ☐
d. 8 / ☐ 3
e. 8 / ☐ ☐

5. استخدم التعبير لكتابة الرابط الرقمي، وارسم صورة لتكوين 8.

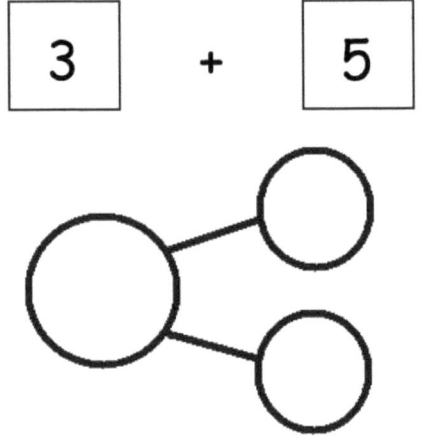

6. استخدم التعبير لكتابة الرابط الرقمي، وارسم صورة لتكوين 8.

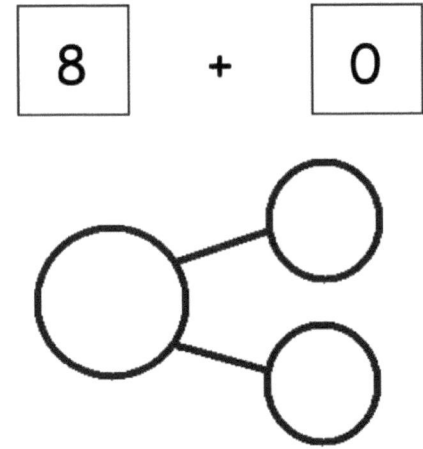

الدرس 6 تذكرة الخروج 1•1

الاسم ______________________ التاريخ ______________

أكمل الجزء المفقود من الرابط الرقمي واحسب لإيجاد الإجمالي. ثم، اكتب جملتين إضافيتين لكل رابط رقمي.

1.

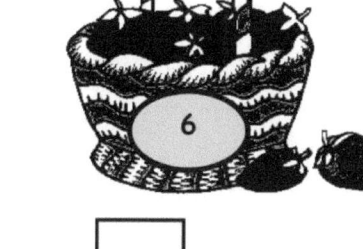

□ + □ = □

□ + □ = □

2.

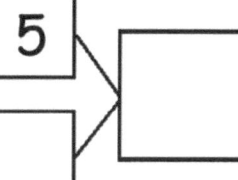

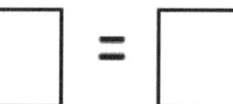

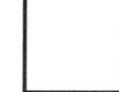

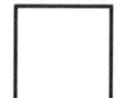

6

□ = □ + □

□ = □ + □

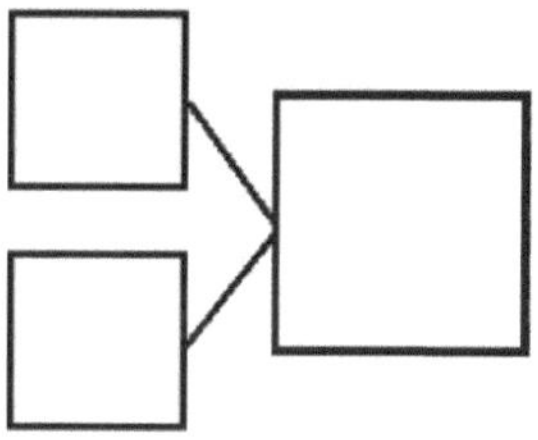

قصة الوحدات | الدرس 6 نموذج 1 | 1•1

8 حيوانات بصورة البطاقة

الدرس 6: اشرح وضع مواقف مجتمعة مع الروابط الرقمية. يمكنك العد بداية من رقم أو جزء مُضمَّن واحد حتى يصل إلى الإجمالي 8 و 9 وإنشاء جميع تعبيرات الإضافة لكل إجمالي.

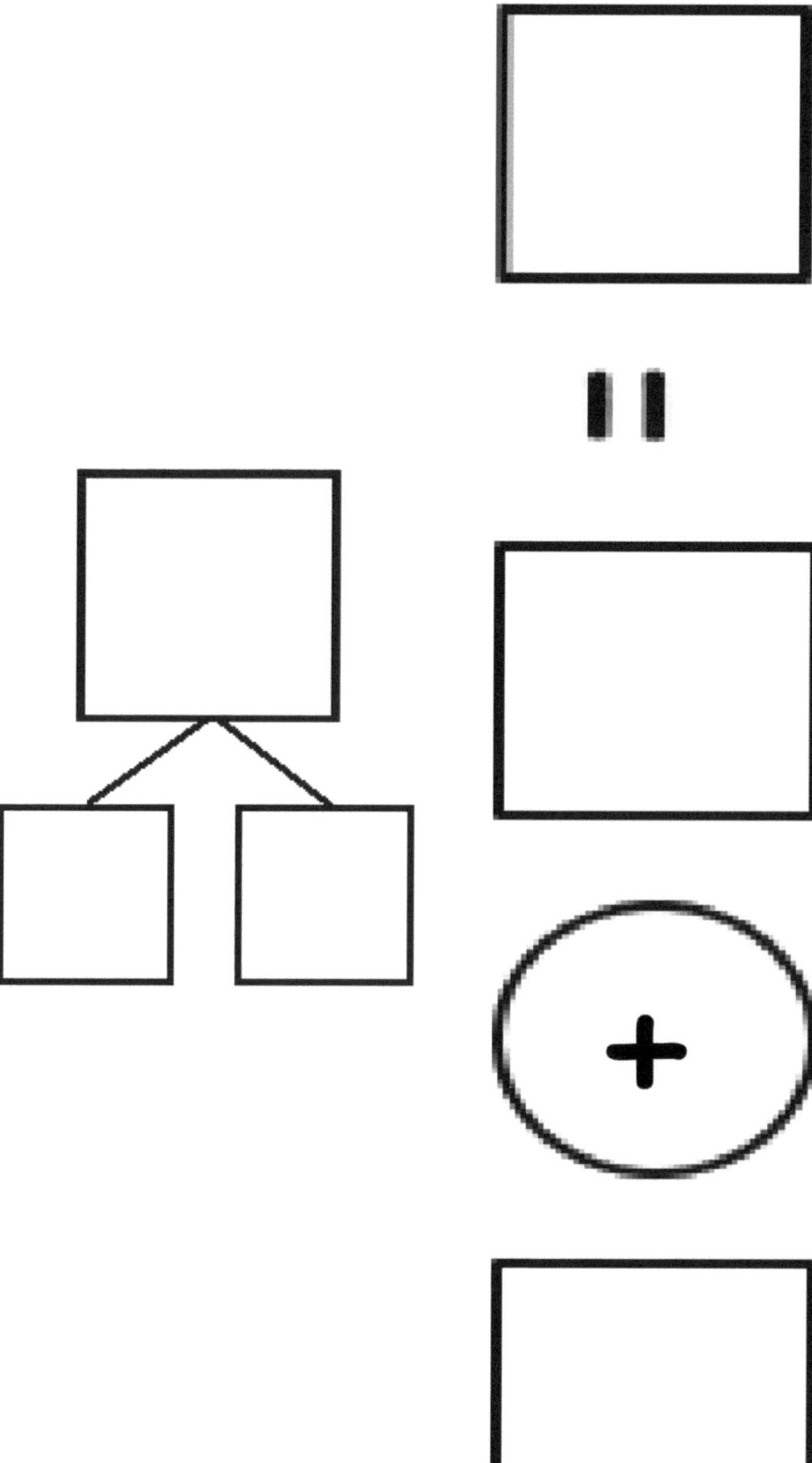

الجملة الرقمية الفارغة والرابط الرقمي

الدرس 6: اشرح وضع مواقف مجتمعة مع الروابط الرقمية. يمكنك العد بدايةً من رقم أو جزء مُضمّن واحد حتى يصل إلى الإجمالي 8 و 9 وإنشاء جميع تعبيرات الإضافة لكل إجمالي.

قصة الوحدات الدرس 6 نموذج 3

الاسم _____ التاريخ _____

استخدم بطاقات المجموعات من 5 لمساعدتك في كتابة التعبيرات والروابط الرقمية لإظهار كل الطرق المختلفة لتكوين 8.

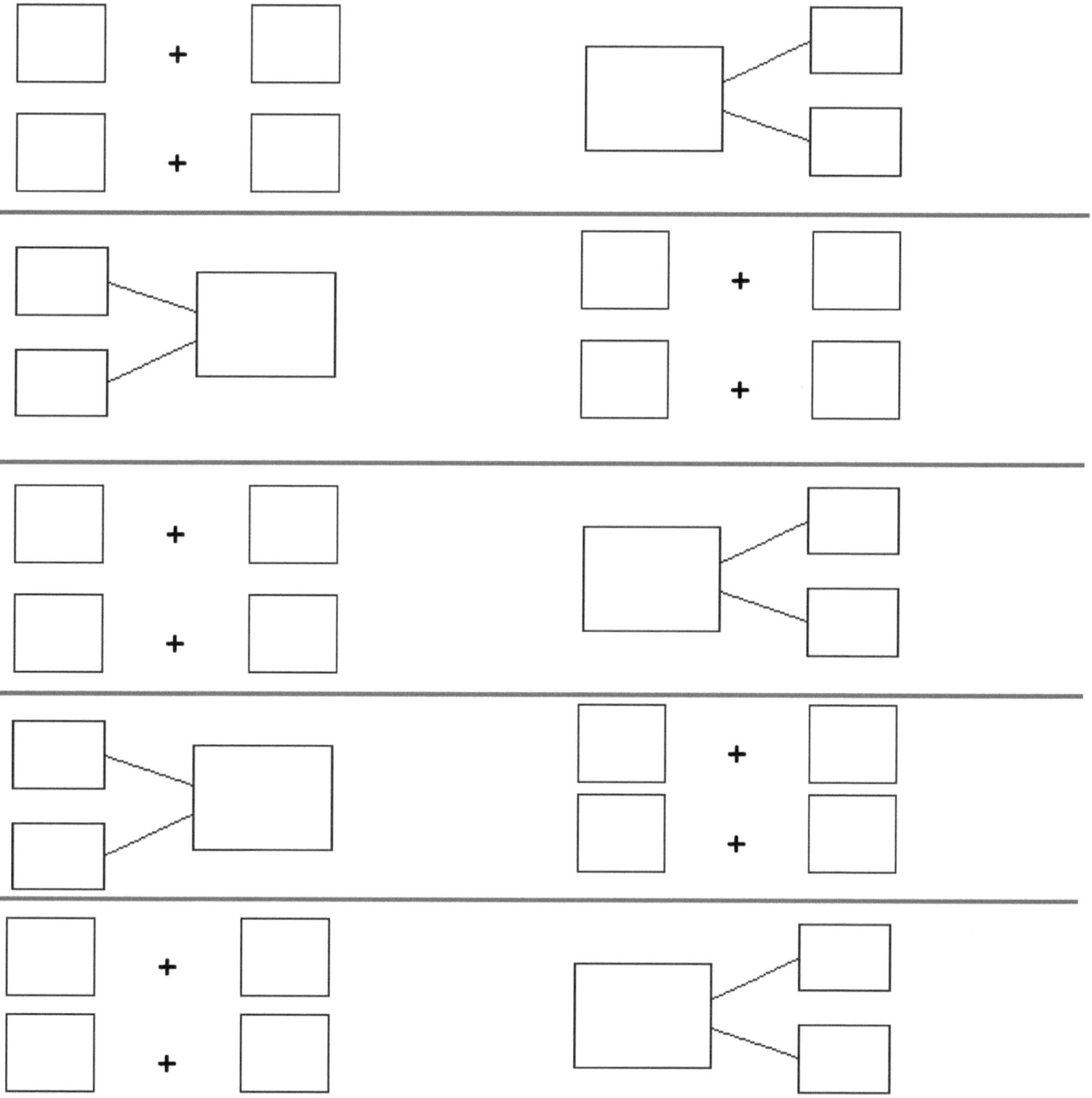

طرق تكوين 8.

اقرأ

جيني لديها 8 زهور في المزهرية. تكون الأزهار بلونين مختلفين. ارسم صورة لتظهر كيف تبدو مزهرية الزهور. اكتب الجملة الرقمية والرابط الرقمي لتناسب صورتك.

ارسم

اكتب

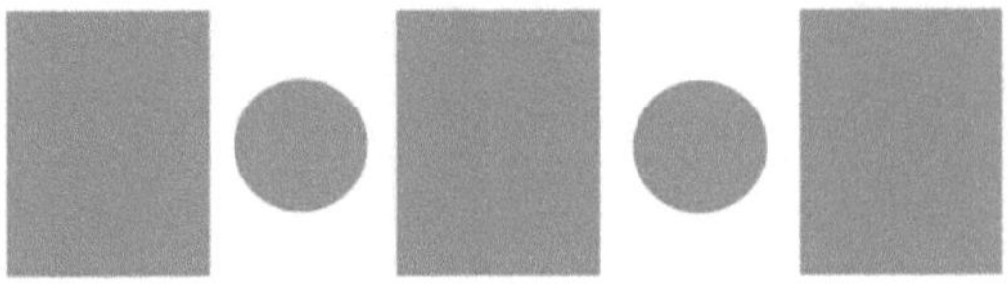

الدرس 7: اشرح وضع مواقف مجتمعة مع الروابط الرقمية. يمكنك العد بدايةً من رقم أو جزء مُضمّن واحد حتى يصل إلى الإجمالي 8 و 9 وإنشاء جميع تعبيرات الإضافة لكل إجمالي.

الدرس 7 مجموعة مسائل

الاسم _____ التاريخ _____

ضع دائرة حول الجزء.
احسب لإظهار الرقم 9 بالصورة والربط الرقمي.
اكتب التعبيرات.

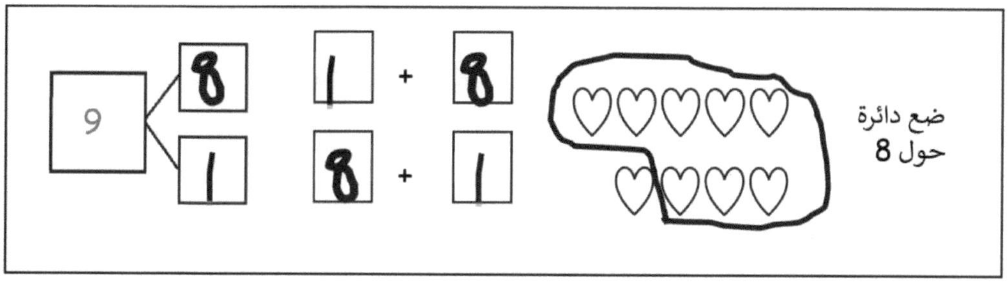

1. ضع دائرة حول 7. كم يلزم للرقم 7 لتكوين 9؟

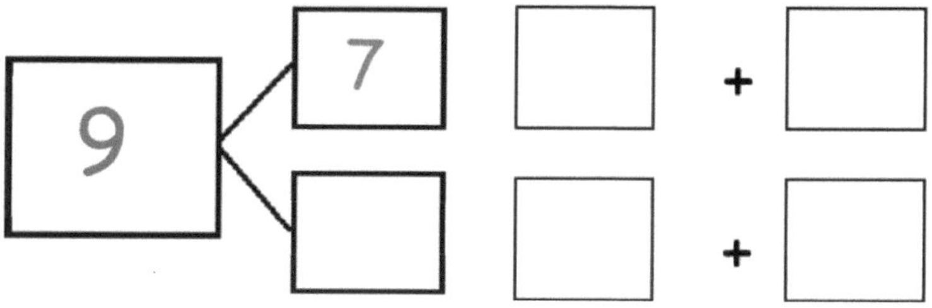

2. لوّن 4. كم يلزم للرقم 4 لتكوين 9؟

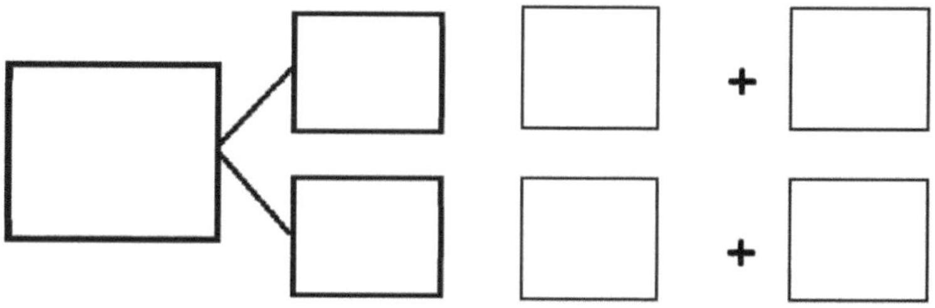

3. لوّن 3. كم يلزم للرقم 3 لتكوين 9؟

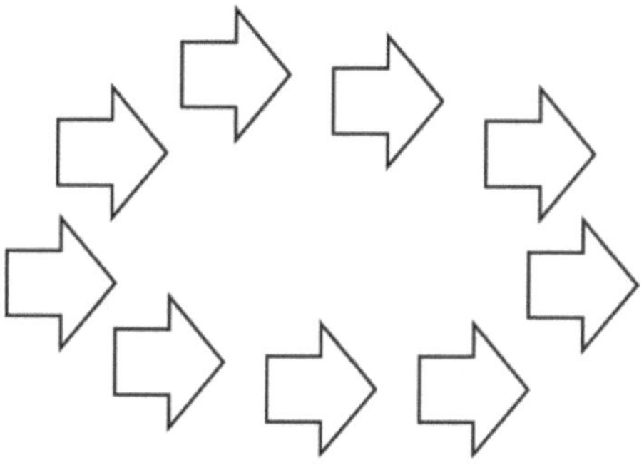

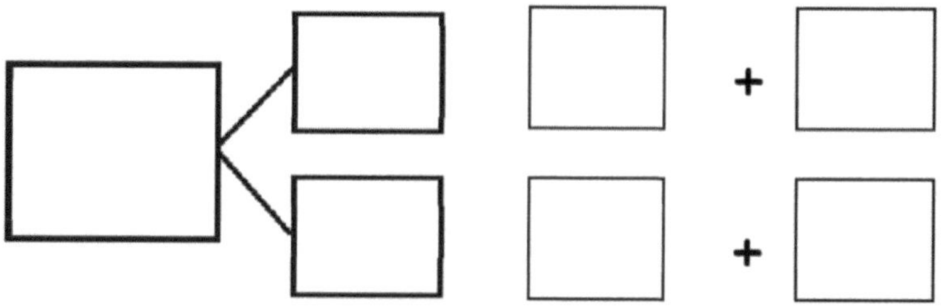

4. ارسم خطًا لعرض الشركاء للرقم 9.

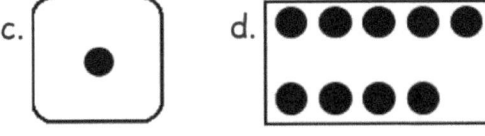

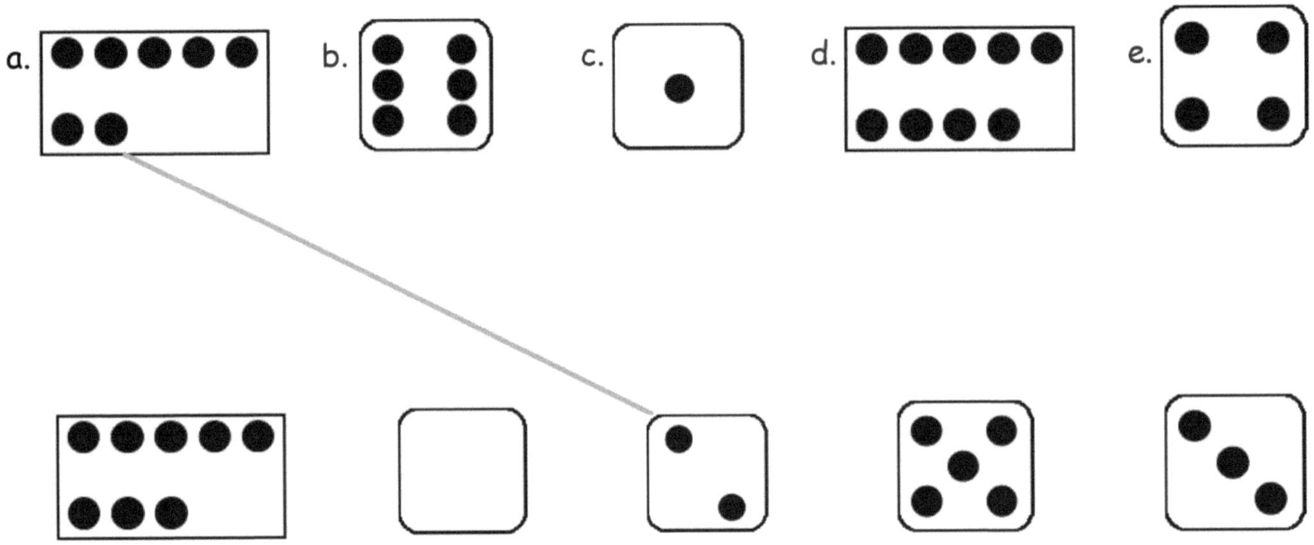

5. اكتب الرابط الرقمي لكل شريك في الرقم 9. استخدم الشركاء أعلاه للمساعدة.

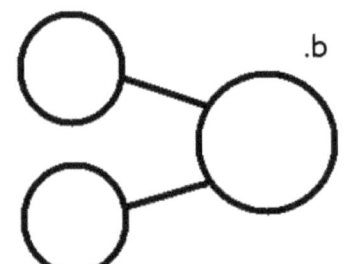

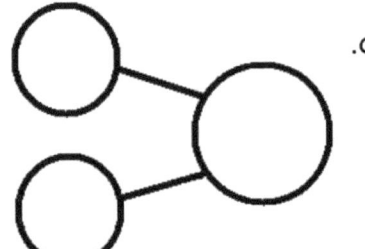

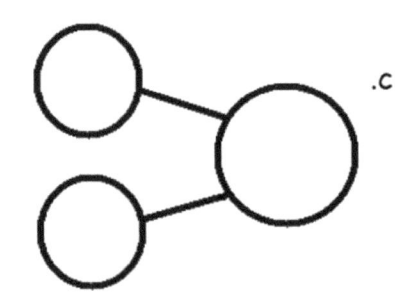

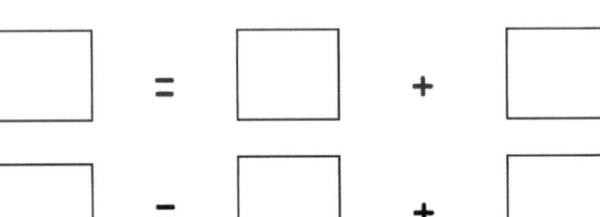

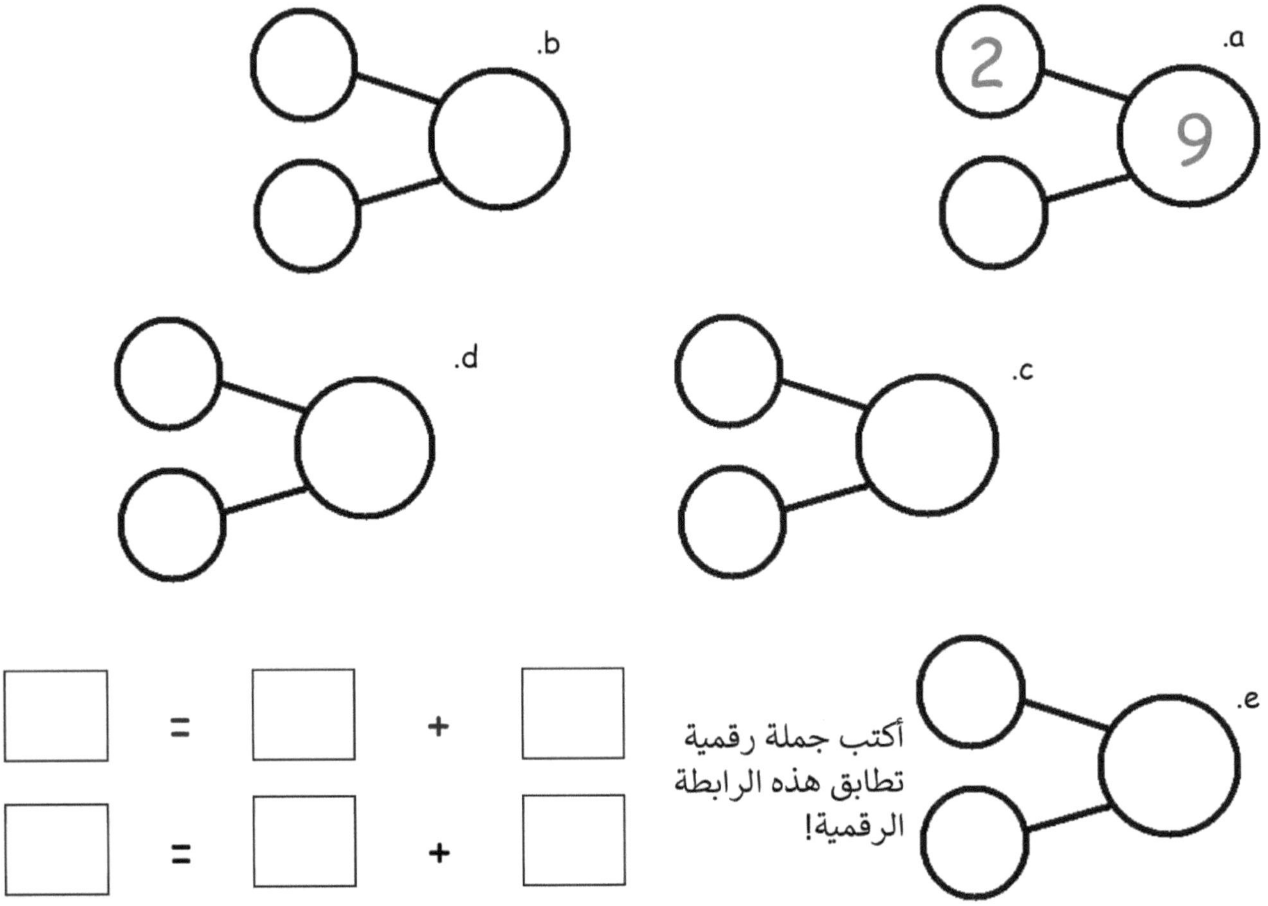

أكتب جملة رقمية تطابق هذه الرابطة الرقمية!

□ = □ + □

□ = □ + □

الاسم ______________________ التاريخ ______________

1. ضع دائرة حول الأرقام التي تكوّن 9.

2. أكمل الروابط الرقمية لإظهار طريقتين مختلفتين لتكوين 9.

EUREKA MATH

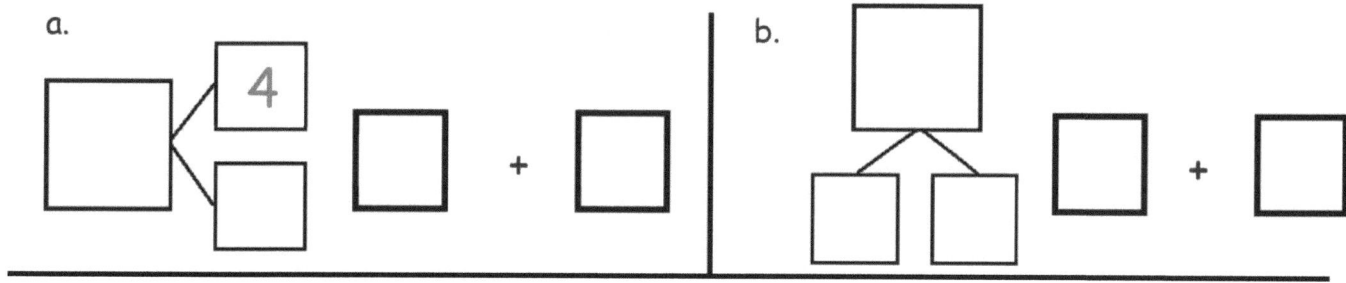

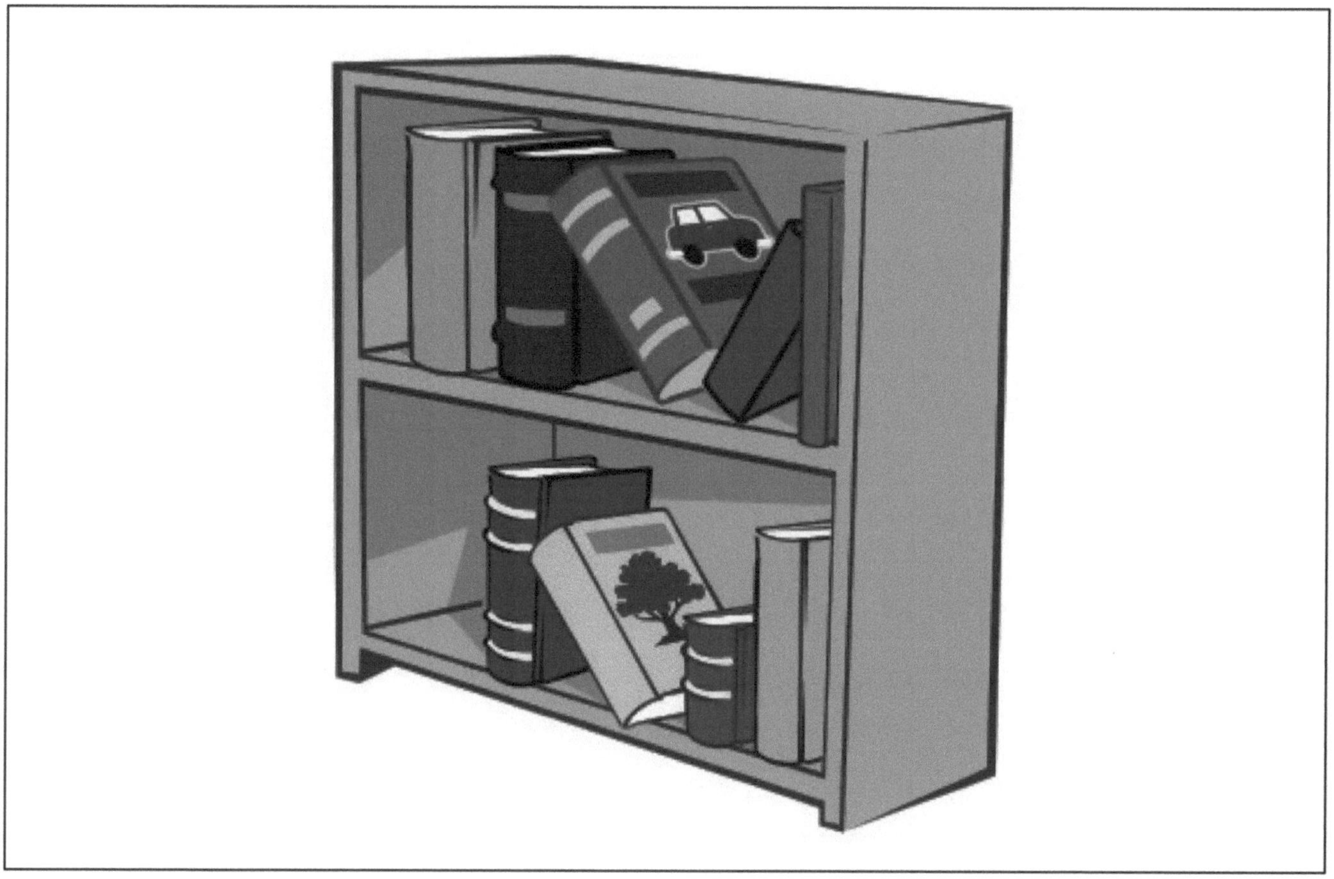

9 كتب تحمل بطاقات مصورة

1•1 الدرس 7 نموذج 2 قصة الوحدات

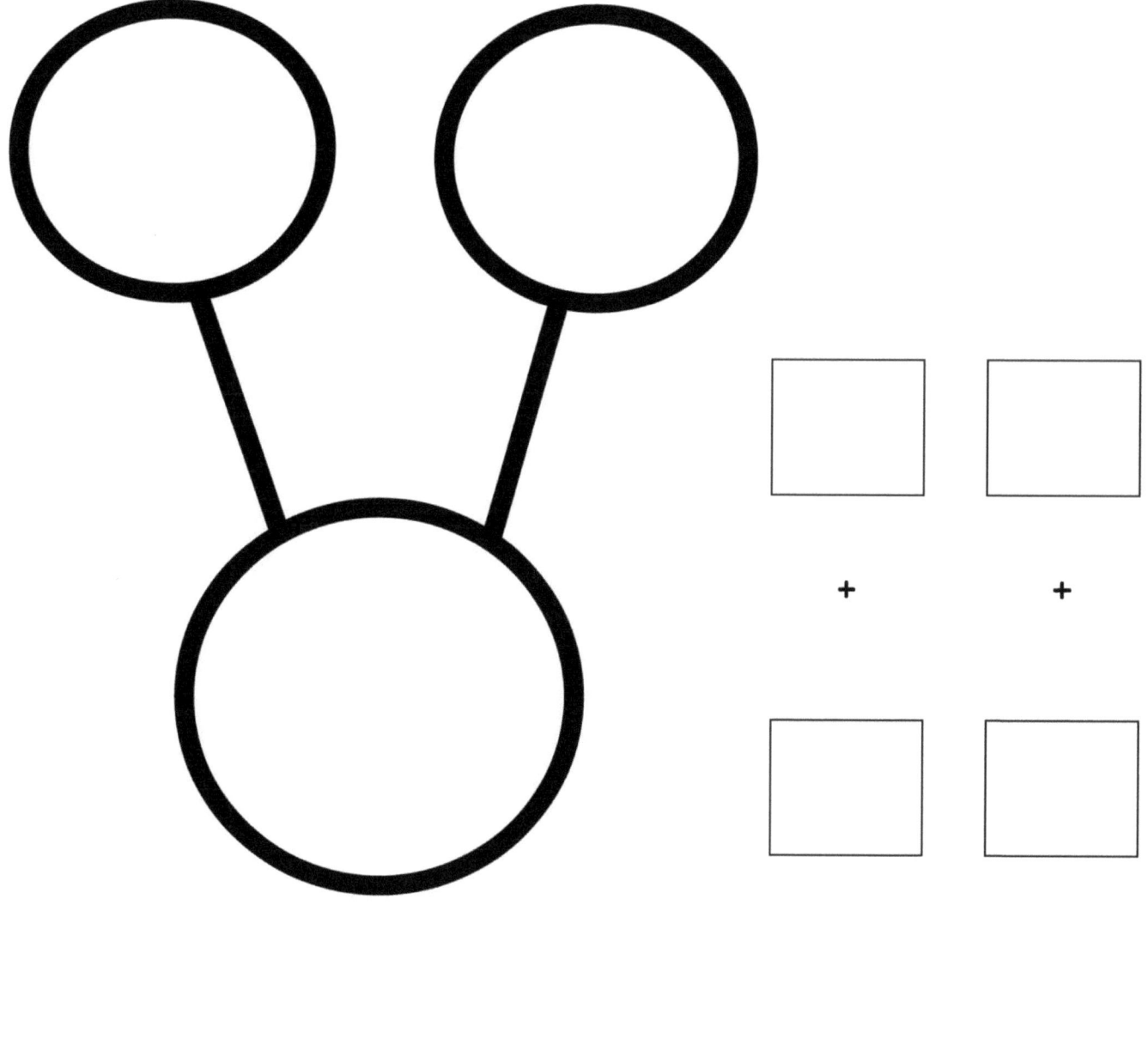

الرابط الرقمي والتعبير

الدرس 7: اشرح وضع مواقف مجتمعة مع الروابط الرقمية. يمكنك العد بدايةً من رقم أو جزء مُضمّن واحد حتى يصل إلى الإجمالي 8 و 9 وإنشاء جميع تعبيرات الإضافة لكل إجمالي.

EUREKA MATH

اقرأ

استلم رايدان 9 ملصقات بالمدرسة. استلم 5 ملصقات في الصباح. كم عدد الملصقات التي تلقاها في فترة ما بعد الظهر؟ ارسم صورة ورابطًا رقمًا وجملة رقمية لتوضيح كيف تعرف.

ارسم

اكتب

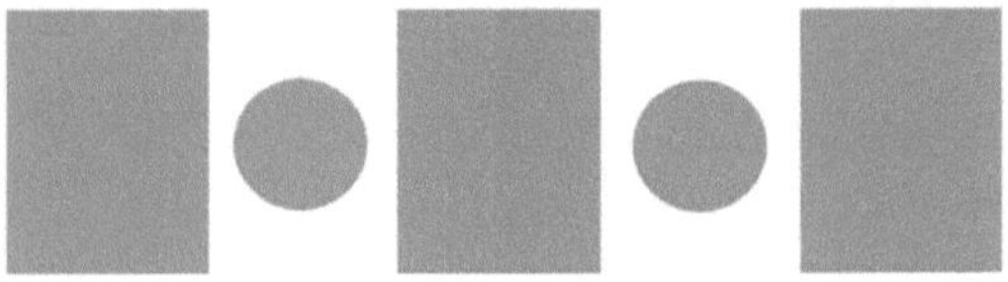

استلم رايدان ملصقات بعد الظهر.

الاسم _____ التاريخ _____

1. استخدم السوار لإظهار شركاء مختلفين لـ 10. ثم، ارسم حباب الخرز. اكتب تعبيرًا للمطابقة.

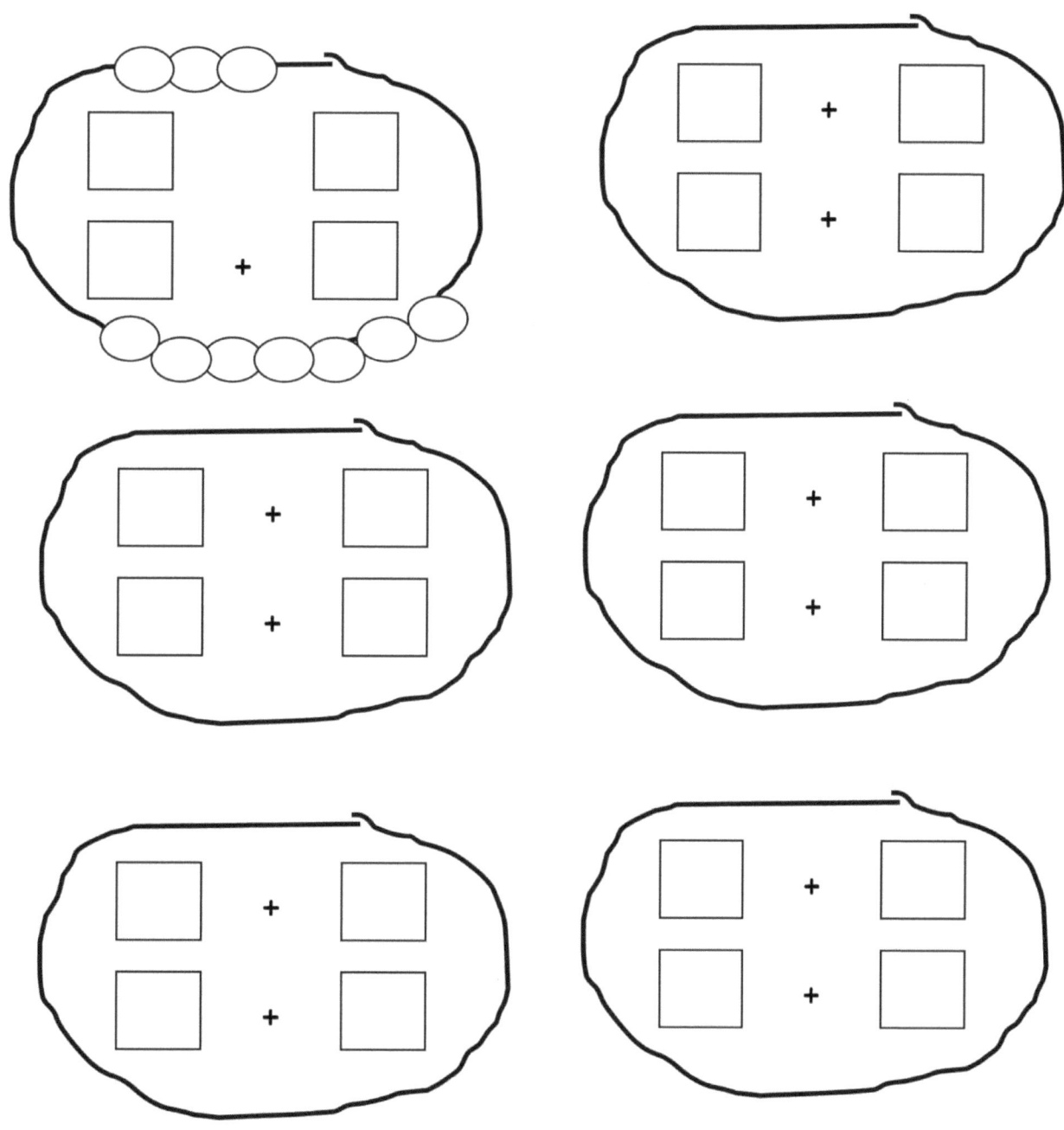

2. طابق الشركاء لـ 10. ثم، اكتب الرابط الرقمي لكل شريك.

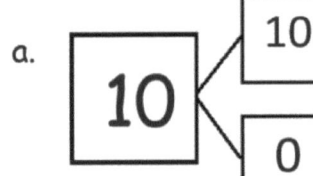

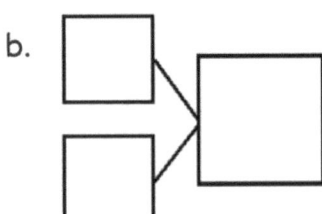

a. ●●●●● ●●●●● (10) — (5) ●●●●●

b. ●●●●● ●●●● (9) — (4) ●●●●

c. ●●●●● ●●● (8) — (3) ●●●

d. ●●●●● ●● (7) — (2) ●●

e. ●●●●● ● (6) — (1) ●

f. ●●●●● (5) — (0)

a. 10 — 10, 0

b.

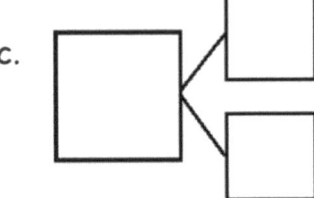

c.

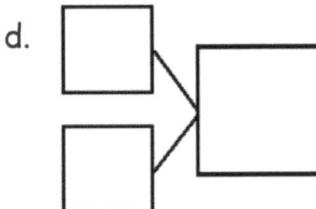

d.

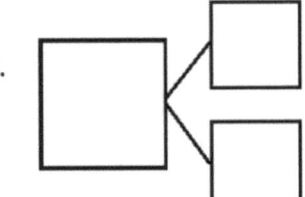

e.

f.

3. لوّن الرابط الرقمي الذي يحتوي على جزئين متماثلين. اكتب جمل مضافة لتطابق هذا الرابط الرقمي.

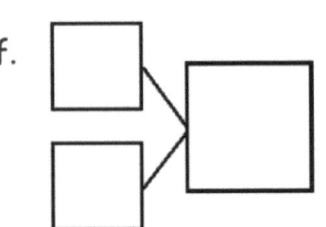

☐ + ☐ = ☐

☐ = ☐ + ☐

الاسم _____ التاريخ _____

لوّن الشركاء التي تكوّن 10.

الدرس 9 مسائل تطبيقية

اقرأ

صنعت كيرا سوارًا من عدد من حبات الخرز بإجمالي 10 خزرات في الواحد. كانت تضع 3 حبات خرز حمراء حتى الآن. كم عدد الخرزات التي تحتاج إلى إضافتها إلى السوار؟ اشرح تفكيرك في صورة وجملة رقمية.

ارسم

اكتب

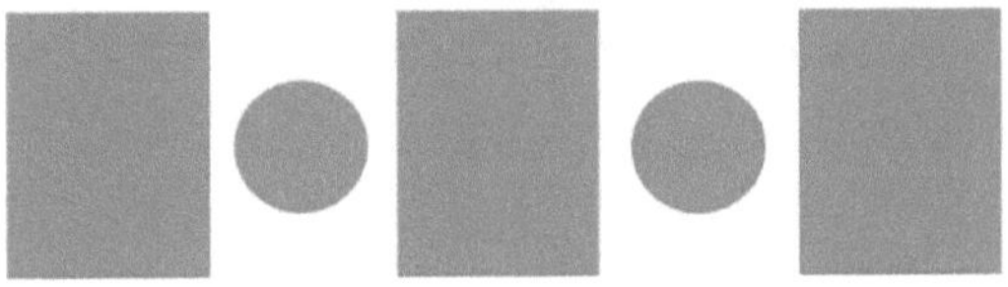

كيرا تحتاج ▇ اضافية من الخرزات.

الاسم _____ التاريخ _____

1.

☐ + ☐ = ☐

_____ الكرات هنا. _____ مزيد من الدحرجة. الآن، يوجد _____ كرة.

كوّن الرابط الرقمي لتطابق القصة.

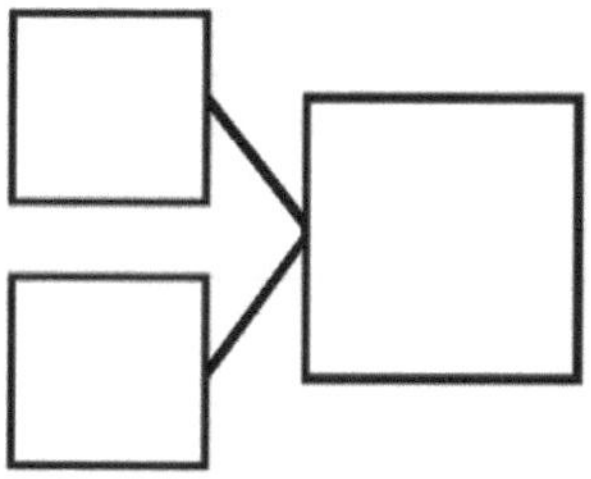

2.

☐ + ☐ = ☐

_____ الضفادع هنا. _____ مزيد من القفزات. الأن، يوجد _____ ضفدع

كوّن الرابط الرقمي لتطابق القصة.

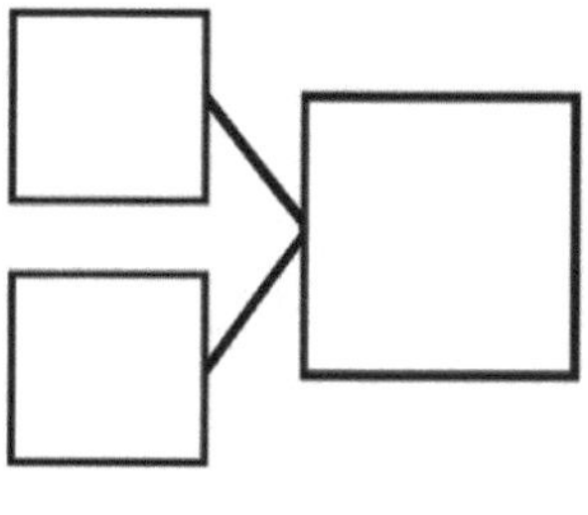

3.

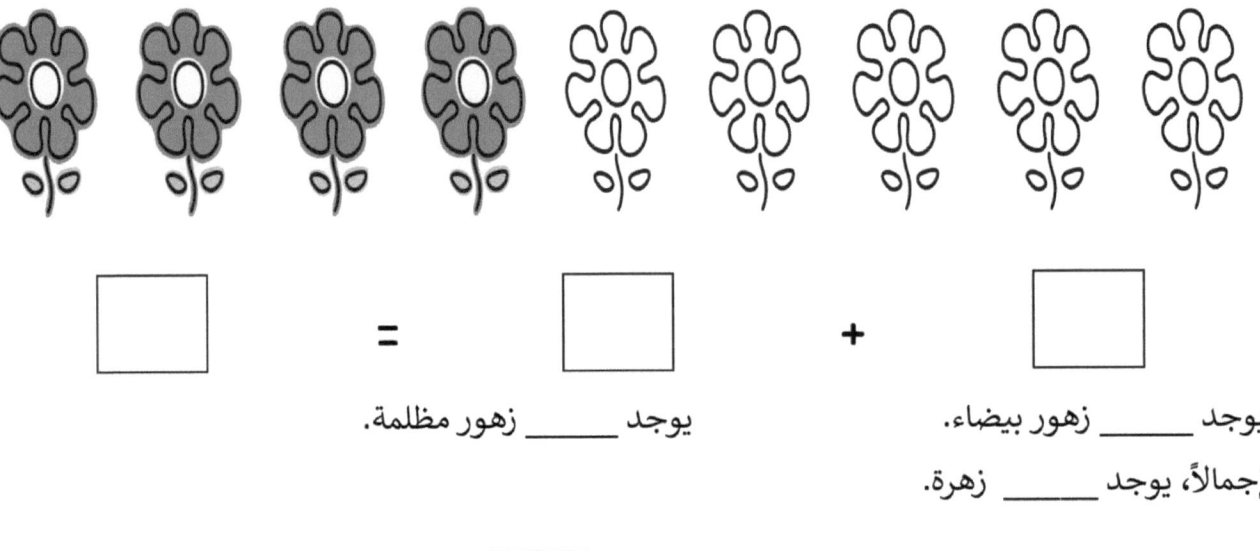

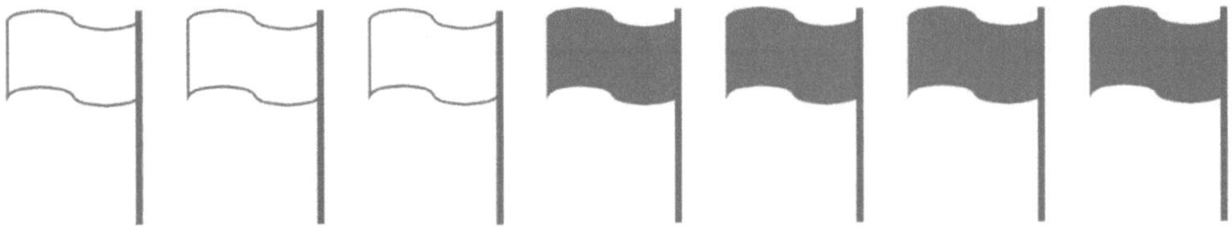

يوجد _____ أعلام سوداء. يوجد _____ أعلام بيضاء.

إجمالاً، يوجد _____ علم.

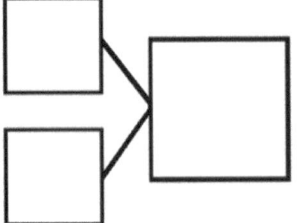

كوّن الرابط الرقمي لتطابق القصة.

4.

يوجد _____ زهور بيضاء. يوجد _____ زهور مظلمة.

إجمالاً، يوجد _____ زهرة.

كوّن الرابط الرقمي لتطابق القصة.

| 1•1 | الدرس 9 تذكرة الخروج | قصة الوحدات |

الاسم _____ التاريخ _____

ارسم صورة واكتب جملة رقمية عدد لتتناسب مع القصة.

بن لديه 3 كرات حمراء وحصل على 5 كرات خضراء. كم عدد الكرات التي بحوزته الآن؟

☐ = ☐ + ☐

لدى بن _____ كرات.

الرابط الرقمي وسؤالان فارغين

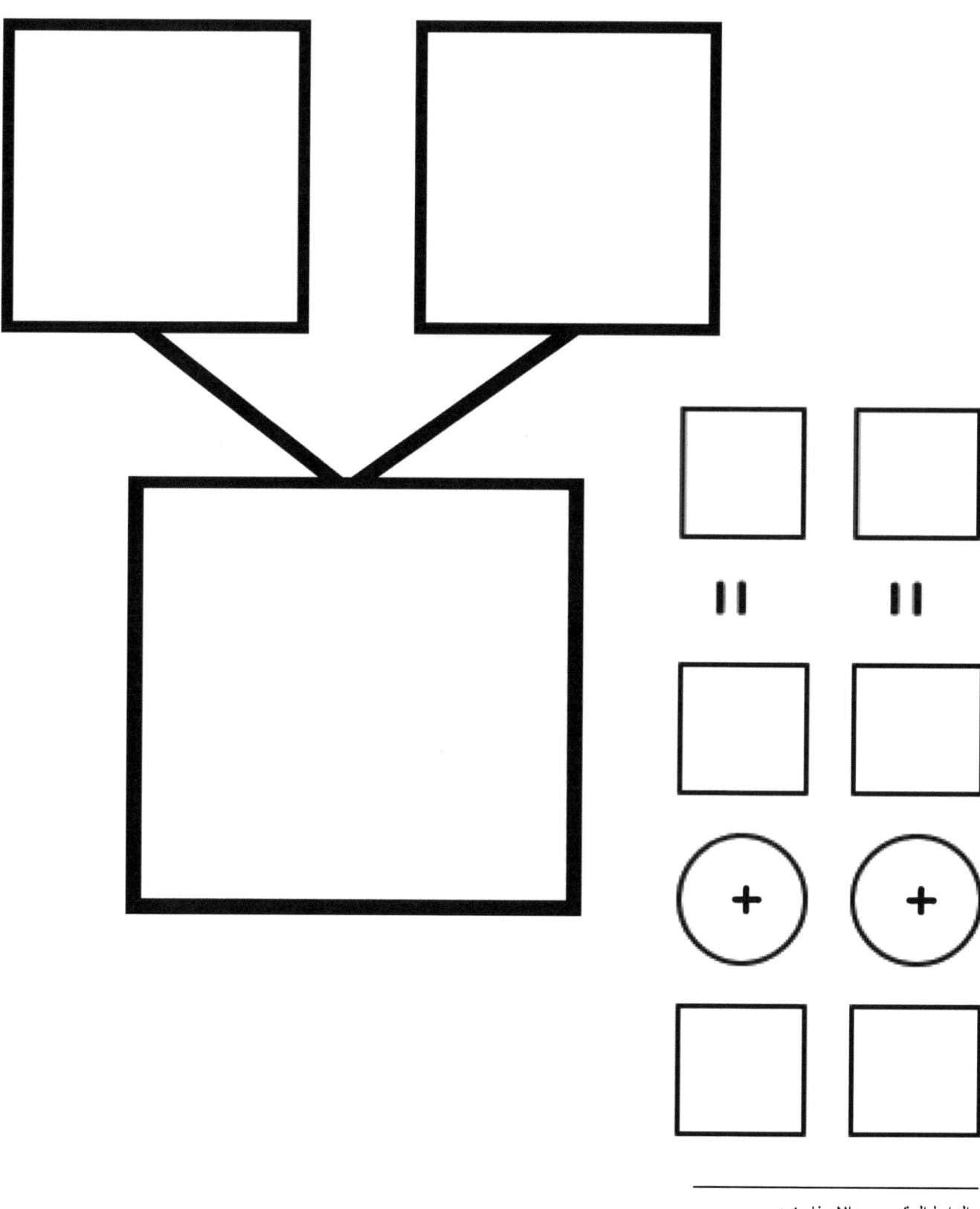

اقرأ

يقوم الفصل بجمع المواد الغذائية المعلبة لمساعدة المحتاجين. أحضر المدرس 3 علب لبدء التجميع. يوم الإثنين، أحضر بيكي علبتين. يوم الثلاثاء، أحضرت تاليا علبتين يوم الأربعاء، أحضر بريندان علبتين. كم عدد العلب الموجودة هناك بنهاية كل يوم؟

ارسم صورة لعرض فكرتك. ماذا تلاحظ حول ما يحدث كل يوم؟

تمديد: إذا استمر هذا النمط، فكم سيكون عدد العلب لدى الصف يوم الجمعة؟

1•1 الدرس 10 مسائل تطبيقية
قصة الوحدات

ارسم

اكتب

76 الدرس 10: حل جنبًا إلى جنب مع نتيجة غير معروفة لقصص الرياضيات من خلال رسم واستخدام بطاقات مجموعات من 5.

الاسم _____ التاريخ _____

1. استخدم الصورة لكتابة الجملة الرقمية، والرابط الرقمي.

_____ سلاحف صغيرة + _____ سلاحف كبيرة = _____ سلاحف

2.

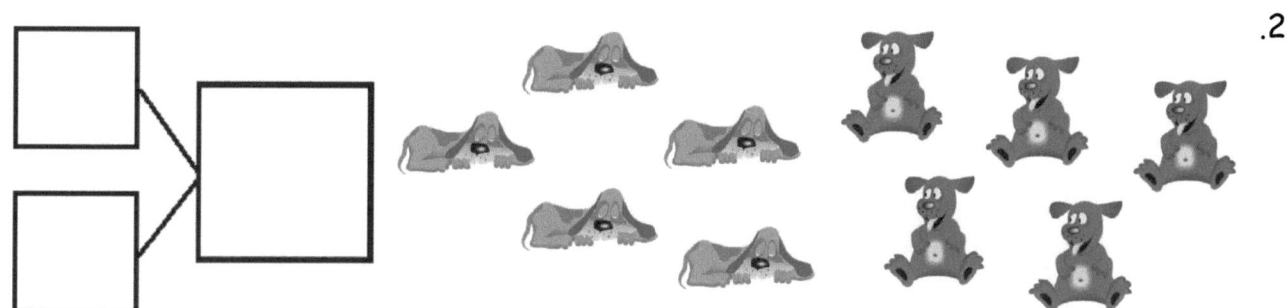

_____ خنازير ليست في الوحل + _____ خنازير في الوحل = _____ خنازير

3.

_____ الكلاب المستيقظة + _____ الكلاب النائمة = _____ كلاب

4. ارسم خطًا يربط بين الصورة إلى بطاقات المجموعة من 5 المطابقة.

a.

b.

c.

d.

قصة الوحدات | الدرس 10 تذكرة الخروج | 1•1

الاسم _____ التاريخ _____

1. ارسم لعرض القصة. توجد 3 كرات كبيرة و4 كرات صغيرة.

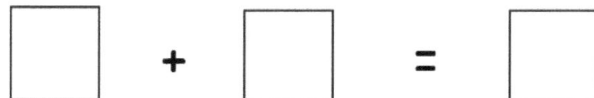

كم عدد الكرات هناك؟ يوجد _____ كرات.

2. ضع دائرة حول البلاطات التي تطابق صورتك.

1•1 الدرس 11 مسائل تطبيقية
قصة الوحدات

اقرأ

هناك 8 أطفال في نادي الطبخ الذي يقام بعد الدوام المدرسي. كم عدد الفتيان والفتيات في الفصل؟ ارسم الصورة واكتب جملة رقمية لشرح تفكيرك.

تمديد: كم عدد التكوينات الأخرى من الفتيان والفتيات الممكن تكوينها؟ اكتب الرابط الرقمي لكل تكوين تفكر فيه.

ارسم

اكتب

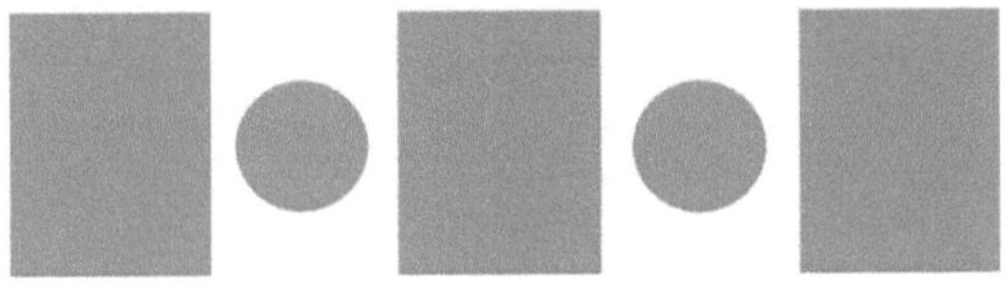

الاسم ______________________ التاريخ ______________

1. أعطيت جيل ما مجموعه 5 زهور في عيد ميلادها. ارسم المزيد من الزهور في المزهرية لإظهار زهور عيد ميلاد جيل.

كم عدد الزهور التي كان عليك رسمها؟ _____ الزهور

اكتب الجملة الرقمية والرابط الرقمي لتناسب القصة.

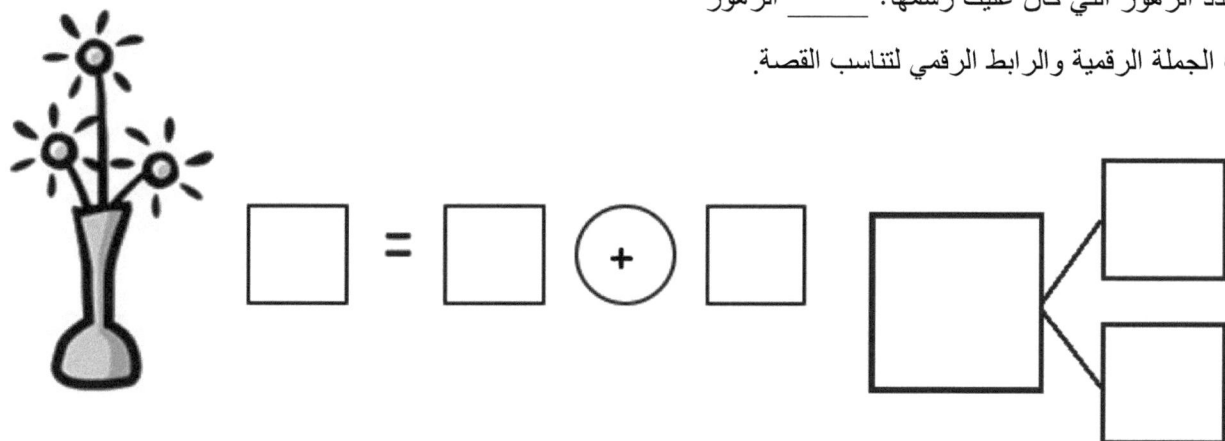

☐ = ☐ + ☐

2. كيت ونانا تخبزان الحلويات. صنعتا قطعتين من الحلوى على شكل قلب، ثم بعض القطع على شكل مربعات. صنعتا معًا 8 قطع حلوى. كم عدد قطع الحلوى على شكل مربعات صنعتها؟ ارسم واحسب لعرض القصة.

اكتب الجملة الرقمية والرابط الرقمي لتناسب القصة.

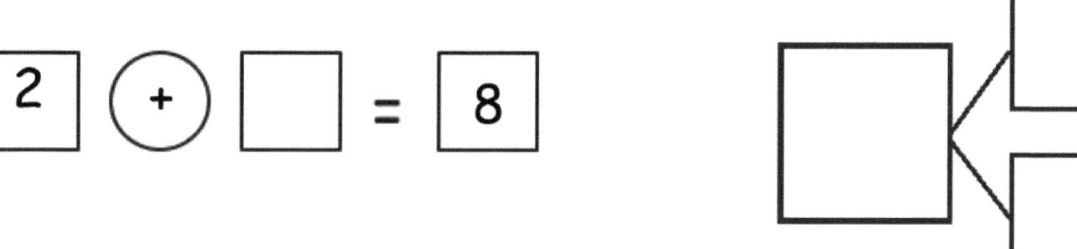

2 + ☐ = 8

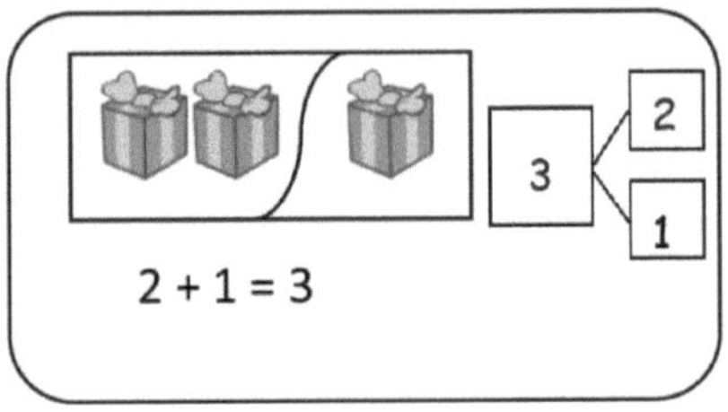

اعرض الأجزاء. اكتب الرابط الرقمي لمطابقة القصة.

3. بيل لديه شاحنتان. جاء صديقه جيمس، ببعض منها. يمتلكان معًا 5 شاحنات. كم عدد الشاحنات التي أحضرها جيمس؟

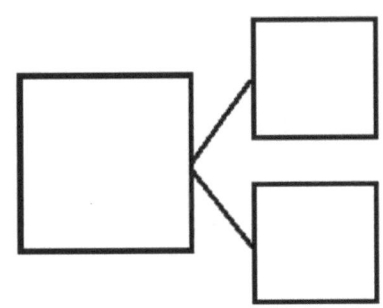

أحضر جيمس معه _____ شاحنات.

اكتب الجملة الرقمية لشرح القصة.

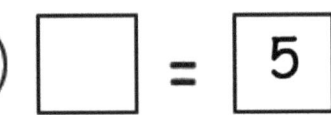

$2 + \square = 5$

---

4. اصطادت جين 7 سمكات قبل وقوفها لتناول الغداء. بعد الغداء، أحضرت المزيد من السمك. بنهاية اليوم، أصبح لديها 9 سمكات. كم عدد السمك التي اصطادها بعد الغداء؟

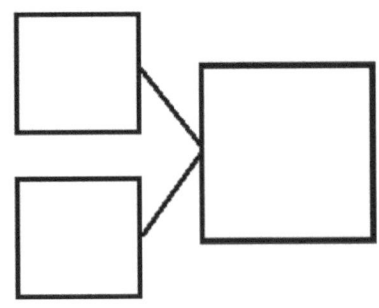

اصطادت جين ______ سمك بعد الغداء.

اكتب الجملة الرقمية لشرح القصة.

$\square + \square = \square$

الاسم _____   التاريخ _____

ارسم المزيد من الدببة لتظهر أن جين لديها 8 دببة كعدد إجمالي.

أضفت _____ أخرى من الدببة.

اكتب جملة رقمية لعرض عدد الدببة التي قمت برسمها.

☐ + ☐ = ☐

اقرأ

تانيا لديها 7 كتب على الرف الخاص بها. استعارت بعض الكتب من المكتبة، والآن لديها 9 كتب على الرف. كم عدد الكتب التي حصلت عليها بالمكتبة؟

اشرح تفكيرك في صورة وكلمات أو مع جملة رقمية. ارسم مربعًا حول رقم اللغز في الجملة الرقمية الخاصة بك.

ارسم

اكتب

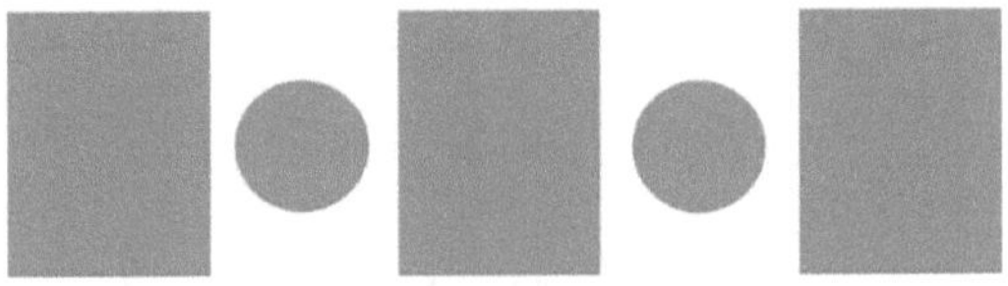

حصلت تانيا على ⬛ كتب في المكتبة.

الاسم _____ التاريخ _____

املأ الأرقام الناقصة.

1.

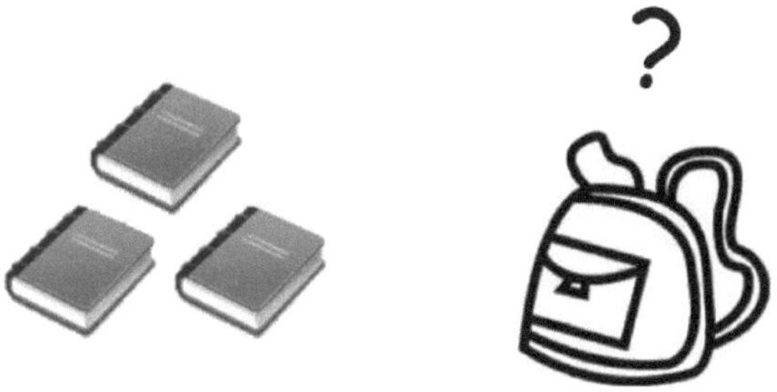

3 + ____ = 5

2.

5 + ____ = 9

3.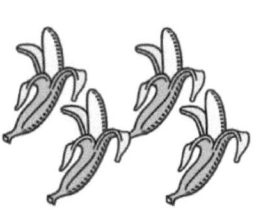

4 + ____ = 10

4. كيت وبوب لديهما 6 كرات في الحديقة. كيت لديها 2 كرة.

كم عدد الكرات الموجودة مع بوب؟

_____ كرات + _____ كرات = _____ كرات

بوب لديه _____ كرة بالحديقة.

---

5. أملك 3 تفاحات. أعطتني أمي المزيد. أمتلك 10 تفاحات.

كم عدد التفاحات التي أعطتني اياها أمي؟

_____ تفاحات + _____ تفاحات = _____ تفاحات

أعطتني أمي _____ تفاحات.

الدرس 12 تذكرة الخروج 1•1

الاسم ____________________ التاريخ ____________________

ارسم صورة واحسب لحل قصة الرياضيات.

أحضر بوب 5 سمكات. أحضر جون المزيد من السمك. لديهما 7 سمكات معاً. كم عدد السمك الذي أحضره جون؟

اكتب الجملة الرقمية لتطابق صورتك.

☐ + ☐ = ☐

اصطاد جون __________ سمكة.

EUREKA MATH

اقرأ

ساميي لديها 6 أرانب. أحدها انجبت ...... أرانب صغيرة. الآن، لديها 10 أرانب صغيرة.

كم عدد مواليد الأرانب؟

ارسم صورة لعرض ما تعرفه. اكتب الرابط الرقمي والجملة الرقمية لتطابق صورتك.

ارسم

اكتب

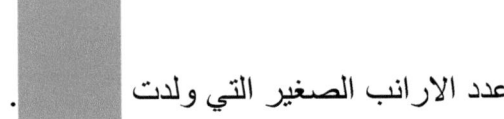

عدد الارانب الصغير التي ولدت .

EUREKA MATH

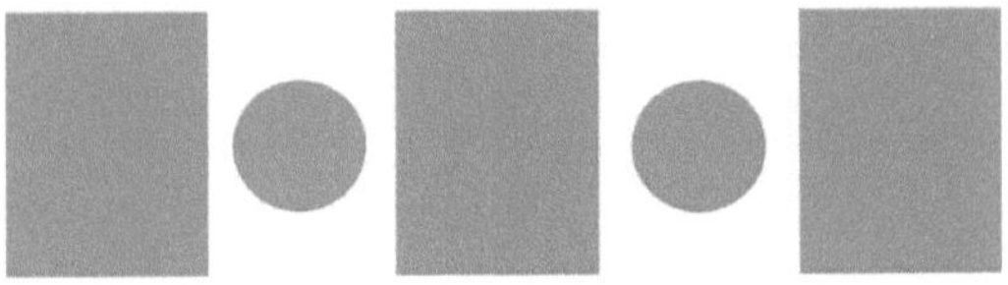

الاسم _____ التاريخ _____

مع شريك، أنشئ قصة لكل جملة من الجمل الرقمية أدناه. ارسم صورة للعرض. اكتب الرابط الرقمي لمطابقة القصة.

1. $6 + 2 = \square$

2. $5 + 5 = \square$

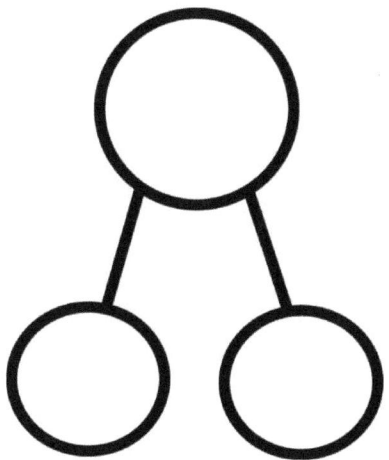

3. 5 + ☐ = 7

---

4. 6 + ☐ = 10

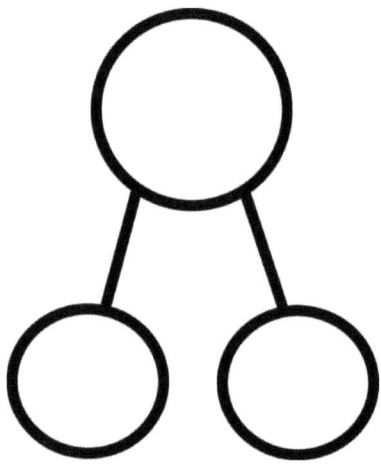

الاسم _____ التاريخ _____

اسرد ما هي قصة رياضية؟ لكل جملة رقمية من خلال رسم صورة.

1. 5 + 1 = 6

2. 3 + ? = 8

اقرأ

ذهبت بيث لجمع التفاح. التقطت 7 تفاحات ووضعتها في سلتها. سقطت تفاحتان آخريتان من الشجرة مباشرة في سلتها! كم عدد التفاح في سلتها الآن؟

ارسم صورة رياضية واكتب الرابط الرقمي والجمل الرقمية المناسبة مع القصة.

ارسم

قصة الوحدات | الدرس 14 مسائل تطبيقية | 1●1

اكتب

بيث لديها ☐ تفاح في سلتها.

الاسم ____________________ التاريخ ____________

1. احسب الإضافة.

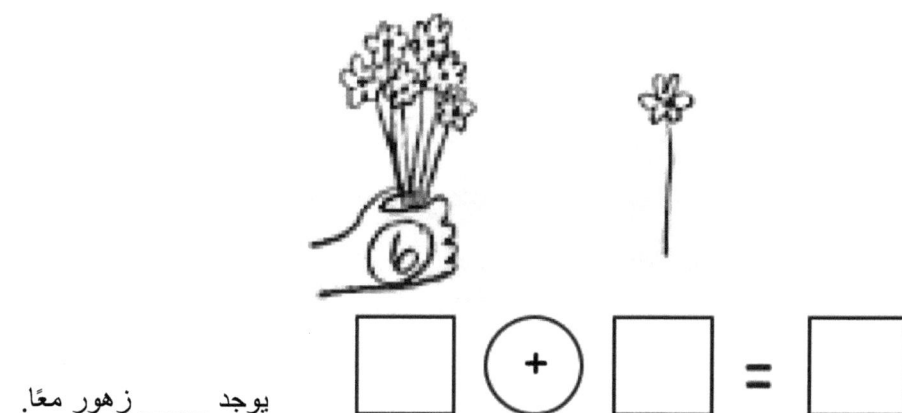

☐ = ☐ + ☐ يوجد ____ زهور معًا.

2.

☐ + ☐ = ☐ يوجد ____ برتقال إجمالاً.

3.

☐ + ☐ = ☐ يوجدد ____ أقلام تلوين إجمالاً.

الدرس 14: احسب حتى 3 فأكثر باستخدام الأرقام وبطاقات الأرقام والمجموعات من 5 والأصابع لتتبع التغيير.

4. استخدم بطاقاتك المكونة من 5 مجموعات لحساب الجمع. حاول استخدام أقل عدد ممكن من بطاقات النقط.

a. $6 + 1 = \boxed{}$

b. $6 + 3 = \boxed{}$

c. $7 + 2 = \boxed{}$

d. $\boxed{} = 5 + 3$

5. استخدم بطاقاتك للمجموعات من 5 أو الحقائق المعروفة الخاصة بك لحساب الجمع.

a. $8 + 2 = \boxed{}$

b. $\boxed{} = 4 + 1$

c. $4 + 3 = \boxed{}$

d. $\boxed{} = 6 + 3$

الاسم ______________________________ التاريخ ______________

1.

6

☐ = 2 + 6

I counted _______ hats in all.

---

2. احسب لحل الجمل الرقمية.

a.

7 + 3 = ☐

b.

8 + 2 = ☐

اقرأ

جوشوا وريبكا تأكلان الزبيب. جوشوا لديها 7 حبات زبيب وأخذت اثنتين زيادة من الصندوق. ريبكا لديها 9 حبات زبيب وأخذت اثنتين زيادة من الصندوق.

من كانت لديها عدد أكبر من الزبيب، جوشوا أم ريبيكا؟

ارسم رسومات رياضية؟ واكتب روابط رقمية أو جمل رقمية لتوضيح كيف عرفت.

ارسم

اكتب

_____

_____

_____

قصة الوحدات | الدرس 15 مجموعة مسائل | 1•1

الاسم _____ التاريخ _____

1. احسب الإضافة.

a.

☐ + ☐ = ☐   يوجد ____ أقلام تلوين إجمالاً.

b.

☐ + ☐ = ☐   يوجد ____ بالونات إجمالاً.

c.

   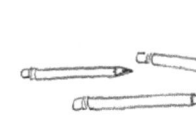

☐ = ☐ + ☐   كعدد إجمالي، يوجد ____ أقلام رصاص.

2. ما هو الاختصار أو الاستراتيجية التي تجدها مفيدة للجمع؟

a. 4 + 1 = ☐   h. 2 + 5 = ☐

b. 4 + 3 = ☐   i. 7 + 2 = ☐

c. 7 + 1 = ☐   j. 7 + 3 = ☐

d. ☐ = 6 + 2   k. ☐ = 4 + 2

e. ☐ = 5 + 3   l. ☐ = 2 + 5

f. ☐ = 3 + 6   m. ☐ = 6 + 2

g. ☐ = 3 + 7   n. ☐ = 2 + 8

قصة الوحدات — الدرس 15 تذكرة الخروج — 1•1

الاسم _____ التاريخ _____

استخدم الصورة للجمع.

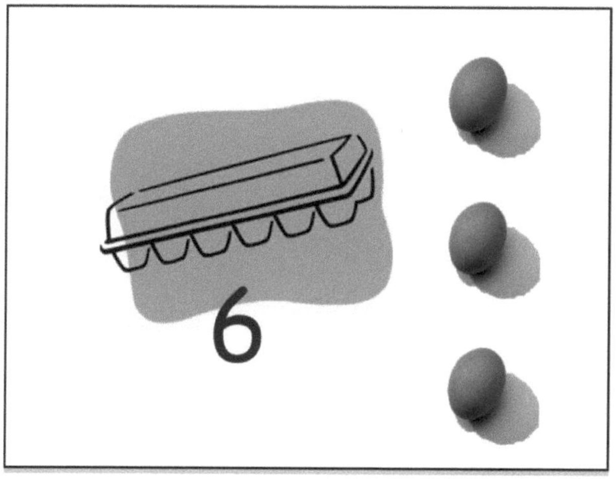

اعرض الاختصار الذي استخدمته في الجمع.

☐ + ☐ = ☐

يوجد ____ بيضات إجمالاً.

الدرس 15: احسب حتى 3 فأكثر باستخدام الأرقام وبطاقات الأرقام والمجموعات من 5 والأصابع لتتبع التغيير.

اقرأ

يوجد 10 دبابيس بولينج واقفة. ضربت فين بعض دبابيس البولينج، وكان هناك 7 واقفة. كم عدد الدبابيس التي أسقطها؟

استخدام رسومات رياضية؟ بسيطة لعرض ماذا فعلت للحل. اكتب جملة رقمية بالمربع لعرض اللغز أو الرقم غير المعروف.

ارسم

اكتب

_____

_____

_____

الاسم _____   التاريخ _____

1. ارسم المزيد من التفاح لحل 4 + ؟ = 6.

6 = ☐ ⊕ 4

I added ____ apples to the tree.

2. كم العدد اللازم لتصبح 7؟

5 ⊕ ☐ = 7

3. كم العدد اللازم لتصبح 8؟

6 ⊕ ☐ = 8

4. كم العدد اللازم لتصبح 9؟

7 ⊕ ☐ = 9

قصة الوحدات | الدرس 16 مجموعة المسائل | 1•1

$3 + 1 = 4$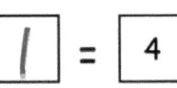

5. احسب بغرض الجمع. (ارسم دائرة) حول الاستراتيجية التي تستخدمها.

a. $4 + \square = 5$

b. $4 + \square = 7$

c. $8 = 5 + \square$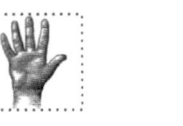

d. $10 = \square + 8$

e. $7 + \square = 8$

f. $\square + 5 = 7$

g. $8 = 6 + \square$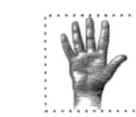

h. $10 = \square + 7$

الدرس 16: احسب لإيجاد الجزء غير المعروف في معادلات الجمع المفقودة مثل 6 + ___ = 9. أجب: "كم مطلوب زيادة لنحصل على 6 و7 و8 و9 و10؟"

الاسم _____ التاريخ _____

حل الجمل الرقمية. (ارسم دائرة) حول الاستراتيجية التي تستخدمها.

a. $5 + \boxed{} = \boxed{7}$

  I counted on using

Or

 I just knew

---

b. $6 + \boxed{} = \boxed{9}$

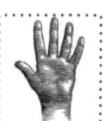  I counted on using

Or

 I just knew

اقرأ

يوجد 10 أرجحوات في الملعب، يلعب عليها 7 من الطلاب. كم عدد الأرجحوات الفارغة؟

ارسم أو اكتب الجملة الرقمية للتعبير عن فكرتك. استخدم جملة بنهاية إجابة سؤال اليوم: كم عدد الأرجحوات الفارغة؟

ارسم

اكتب

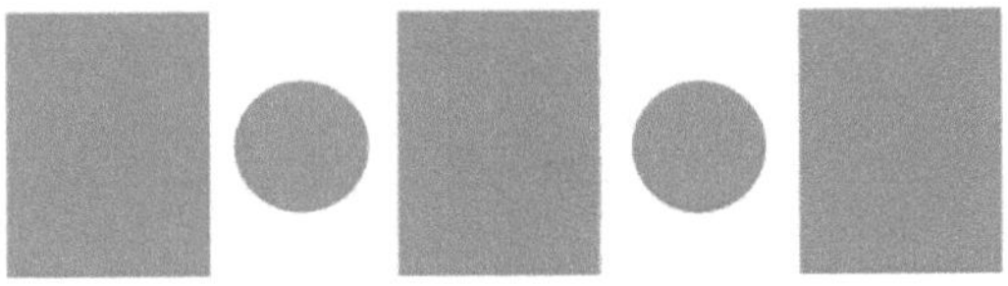

_____
_____
_____

الدرس 17 مجموعة المسائل

الاسم _____   التاريخ _____

اكتب التعبير المتوافق مع الجموعات بكل طبق. إذا كانت الأطباق تحتوي على نفس الكمية من الفاكهة، فاكتب علامة المساواة بين التعبيرات.

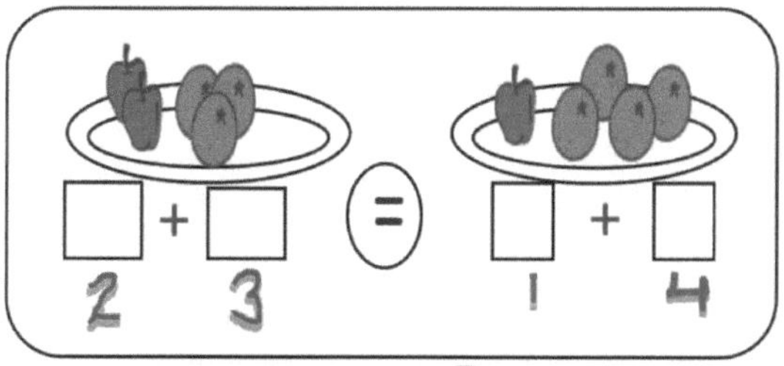

[2] + [3] = [1] + [4]

1.  ☐ + ☐ ◯ ☐ + ☐

2.  ☐ + ☐ ◯ ☐ + ☐

3.  ☐ + ☐ ◯ ☐ + ☐

4.  ☐ + ☐ ◯ ☐ + ☐

الدرس 17: افهم معنى العلامة علامة "يساوي" عن طريق ربط التعبيرات المتساوية وبناء جمل رقمية صحيحة.

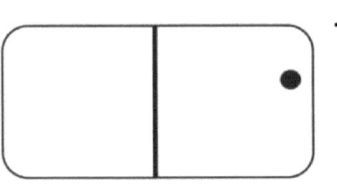

5 + 2

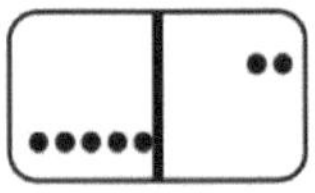

5. قم بتوصيلها أدناه مع = لجعل الجمل الرقمية صحيحة.

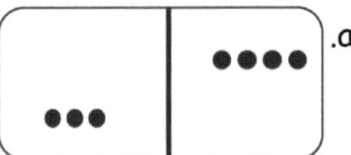

a.

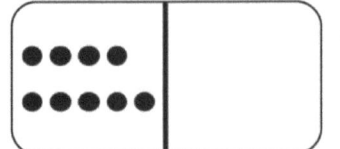

b.

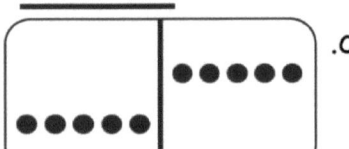

c.

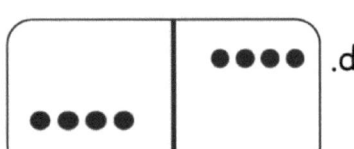

d.

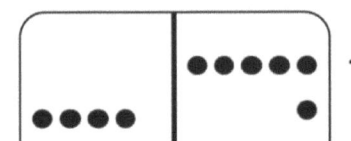

e.

f.

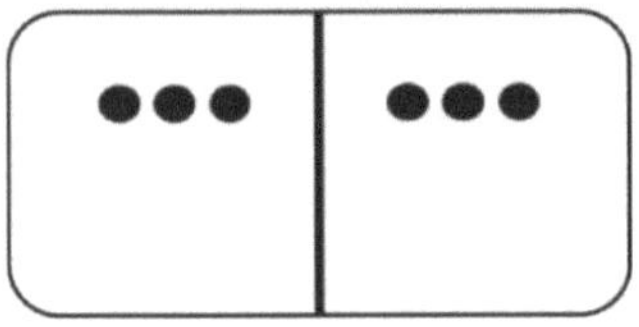

g. Find two sets of expressions from (a)-(f) that are equal. Connect them tbelow with = to make true number sentences.

6. a.

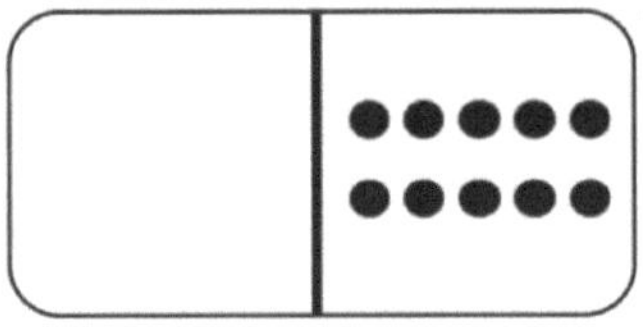

b.

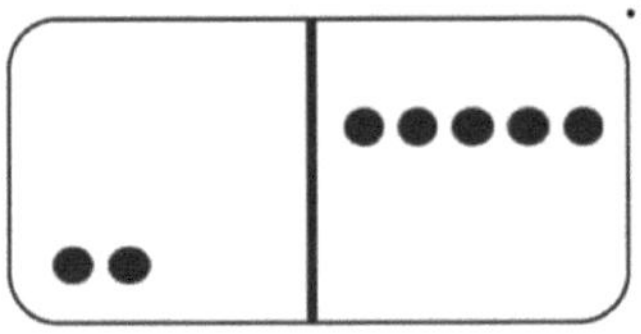

c.

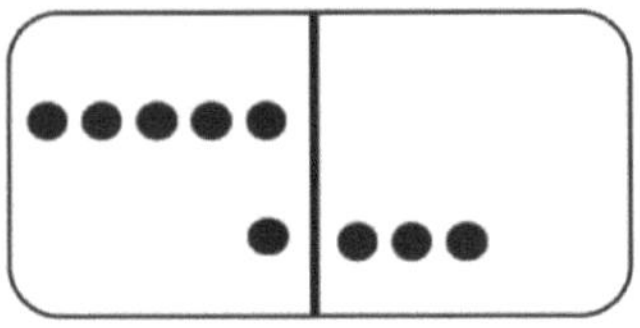

d.

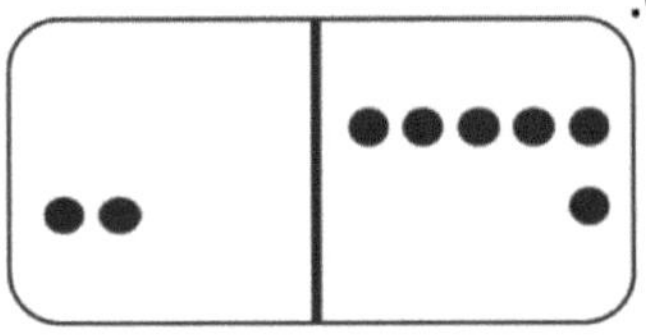

e.

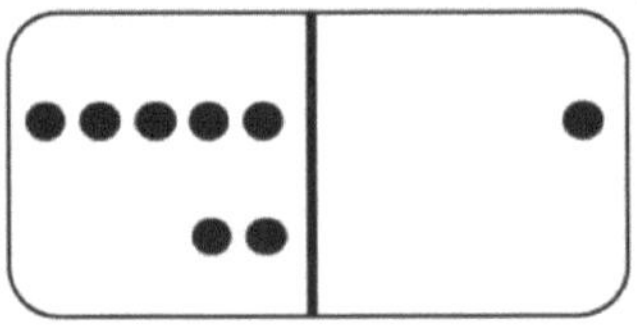

f.

g. Find two sets of expressions from (a)-(f) that are equal. Connect them below with = to make true number sentences.

1•1 الدرس 17 تذكرة الخروج
قصة الوحدات

الاسم ______________________ التاريخ ______________

1. استخدم رسومات الرياضيات لعمل صور مساوية. قم بتوصيلها أدناه مع = لجعل الجمل الرقمية صحيحة.

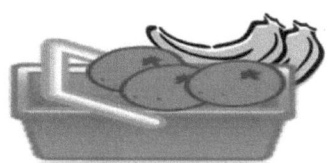

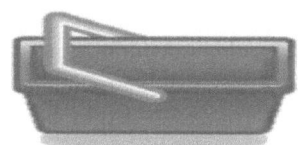

______________ ______________

2. ظلل الدومينو المتساوية. اكتب جملة رقمية صحيحة.

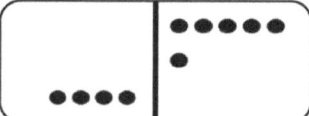

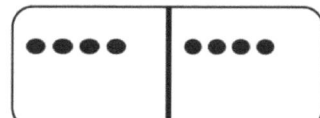

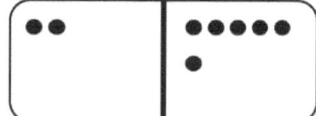

______________ ______________

الدرس 17: افهم معنى العلامة علامة "يساوي" عن طريق ربط التعبيرات المتساوية وبناء جمل رقمية صحيحة.

1•1 الدرس 18 مسائل تطبيقية قصة الوحدات

اقرأ

ديلان لديه 4 قطط و2 كلب بالبيت. لورا لديها 1 كلب و5 سمكات بالبيت. تقول لورا بأنها وديلان لديهما نفس العدد من الحيوانات الأليفة. يعتقد ديلان بأن لديه عددًا أكبر من لورا من الحيوانات الأليفة. من منهما على حق؟ ارسم صورة، اكتب رابطين رقميين، واستخدم جملة رقمية لتوضيح إذا كان ديلان ولورا يملكان نفس العدد من الحيوانات الأليفة.

ارسم

123 الدرس 18: افهم معنى العلامة علامة "يساوي" عن طريق ربط التعبيرات المتساوية وبناء جمل رقمية صحيحة.

EUREKA MATH

قصة الوحدات   الدرس 18 مسائل تطبيقية   ١•١

اكتب

_____

_____

_____

الدرس 18: افهم معنى العلامة "يساوي" عن طريق ربط التعبيرات المتساوية وبناء جمل رقمية صحيحة.

الاسم _____ التاريخ _____

1. اجمع. لوّن البالونات التي تطابق الرقم في عقل الطفل. ابحث عن التعبيرات المتساوية. قم بتوصيلها أدناه مع = لجعل الجمل الرقمية الحقيقية.

أ.

_____

ب.

_____

2. هل عدد الجمل الرقمية صحيح؟ ضع علامة إذا كان صحيحًا. إذا كان خطأ.

إذا كان خطأ، أعد كتابة الجملة الرقمية لجعلها صحيحة.

a. 3 + 1 = 2 + 2 ☐   b. 9 + 1 = 1 + 2 ☐

_____   _____

c. 2 + 3 = 1 + 4 ☐   d. 5 + 1 = 4 + 2 ☐

_____   _____

e. 4 + 3 = 3 + 5 ☐   f. 0 + 10 = 2 + 8 ☐

_____   _____

g. 6 + 3 = 4 + 5 ☐   h. 3 + 7 = 2 + 6 ☐

_____   _____

3. اكتب الرقم الموجود في التعبير وقم بالحل. ضع علامة إذا كان صحيحًا.  إذا كان خطأ.

a. 1 + ___ = 3 + 2 ☐   b. ___ + 4 = 2 + 5 ☐

c. ___ + 5 = 6 + ___ ☐   d. 7 + ___ = 8 + ___ ☐

الاسم ________________ التاريخ ________

ابحث عن طريقتين لمعالجة كل جملة رقمية بهدف جعلها صحيحة.

a. $7 + 3 = 6 + 2$

7 + 3 = 6 + 4

________ ________

________ ________

b. $8 + 1 = 3 + 5$

________ ________

________ ________

قصة الوحدات | الدرس 19 مسائل تطبيقية | 1•1

اقرأ

ديلان لديه 4 قطط و 2 كلب بالبيت. سامي لديه 1 أرنبة أم و 6 أرانب صغيرة في المنزل.

ارسم رابط رقمي يوضح إجمالي عدد الحيوانات الأليفة في في البيتين.

اكتب بيانا لمعرفة ما إذا كان لدى البيتين عدد متساوٍ من الحيوانات الأليفة.

ارسم

اكتب

_____

_____

_____

الاسم ______________________ التاريخ ______________

1. اكتب الرابط الرقمي لمطابقة القصة. ثم، أكمل الجمل الرقمية.

a.

□ + □ = 5 □ = □ + □

□ + □ = 5 □ = □ + □

b.

□ + □ = 8 8 = □ + □

□ + □ = □ □ = □ + □

c.

□ + □ = □ □ = □ + □

□ + □ = □ □ = □ + □

اكتب التعبير تحت كل طبق. أضف علامة يساوي للاشارة أن لديهما نفس العدد.

.2

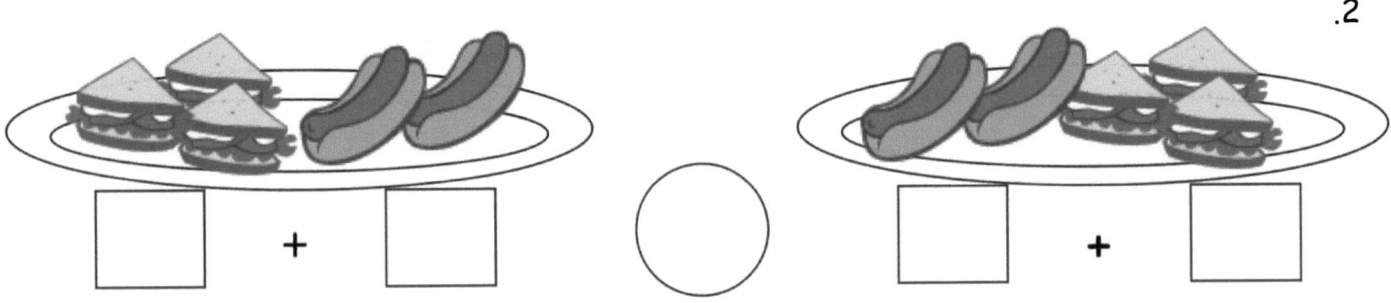

☐ + ☐ ◯ ☐ + ☐

.3

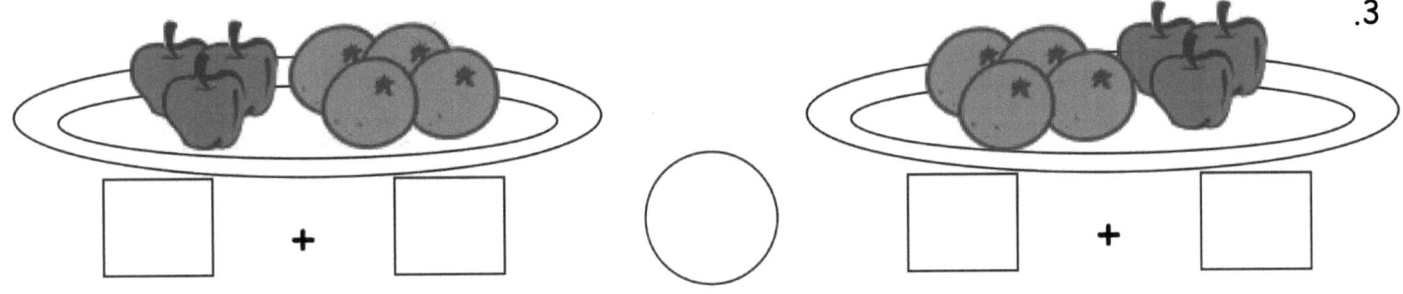

☐ + ☐ ◯ ☐ + ☐

4. ارسم لعرض التعبير.

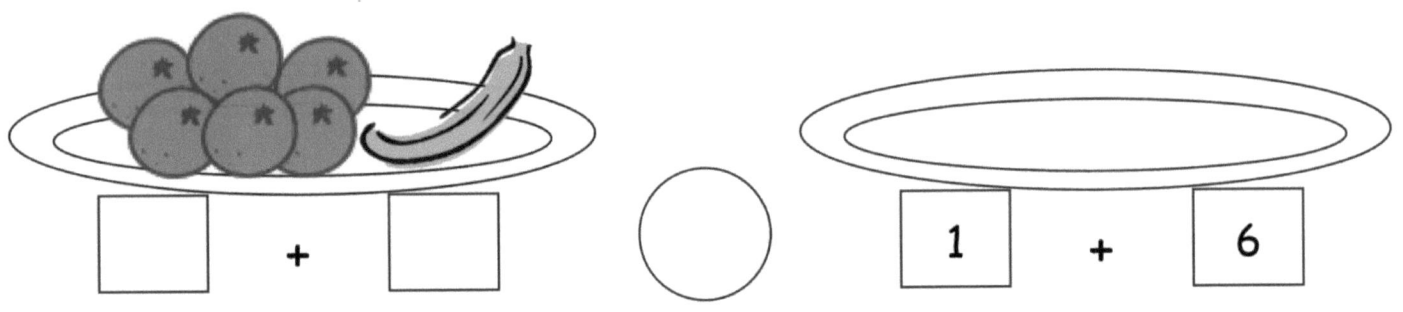

☐ + ☐ ◯ 1 + 6

5. ارسم واكتب تعبيرين يستخدمان نفس الأرقام ولديهما نفس العدد الإجمالي.

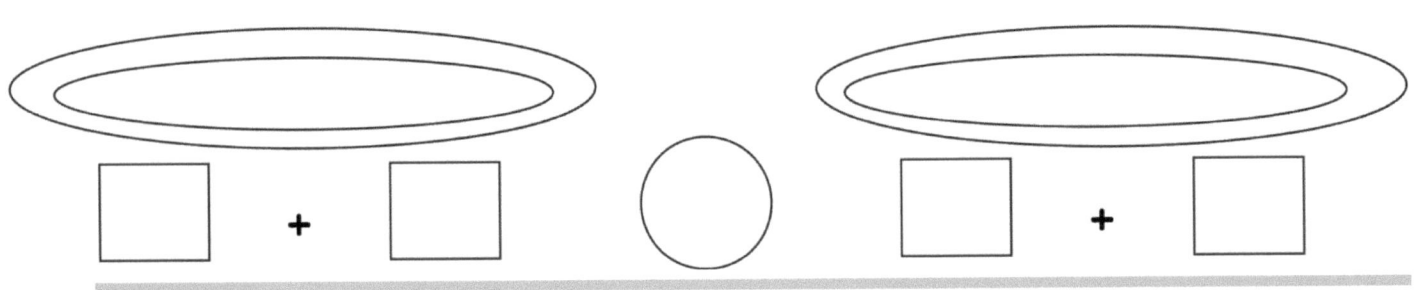

☐ + ☐ ◯ ☐ + ☐

الاسم _____ التاريخ _____

استخدم الصورة واكتب الجمل الرقمية لعرض الأجزاء بترتيب مختلف.

___ + ___ = ___   ___ = ___ + ___

___ + ___ = ___   ___ = ___ + ___

اقرأ

لورا لديها 5 سمكات. والدتها أعطتها سمكة أخرى. فرانك أخو لورا لديه سمكة واحدة. والدتهما أعطت فرانك 5 سمكات زيادة. بكت لورا، "هذا ليس عدلاً"! لديه سمك أكثر مني!"

استخدم الروابط الرقمية والجملة الرقمية لعرض الحقيقة على لورا. إذا أردت، اكتب جملة بكلمات قد تساعد لورا في الفهم.

ارسم

اكتب

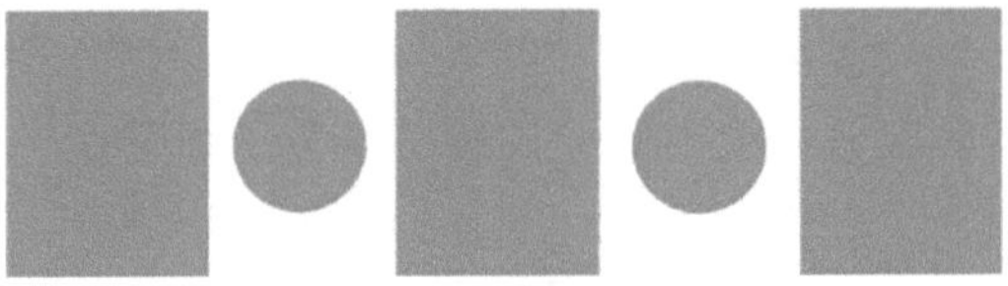

_____
_____
_____

الاسم _____ التاريخ _____

ضع دائرة حول العدد الأكبر واحسب. اكتب الجملة الرقمية بادئًا بالعدد الكبير.

1.

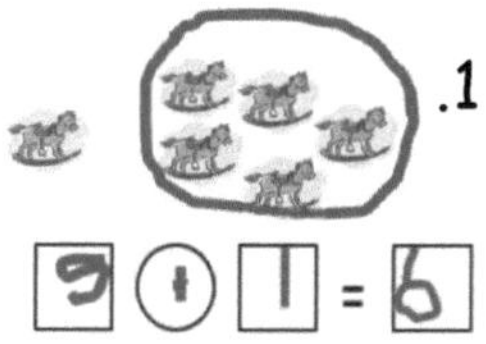

□ ⊕ □ = □

لوّن الجزء الأكبر، وأكمل الرابط الرقمي.
اكتب الجملة الرقمية، بادئًا بالجزء الأكبر.

2.

□ ⊕ □ = □

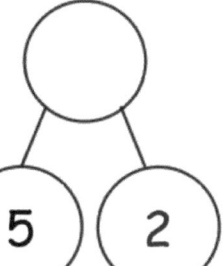

3.

□ ⊕ □ = □

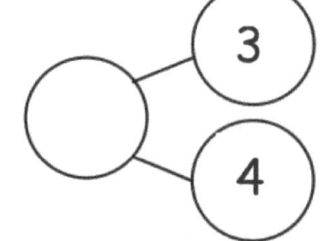

4.

□ ⊕ □ = □

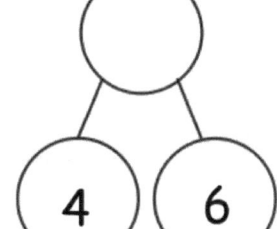

□ ⊕ □ = □

لوّن الجزء الأكبرمن الرابط الرقمي. احسب بدايةً من هذا الجزء للحصول على الإجمالي، واملأه بالرابط الرقمي. أكمل الجملة الرقمية الأولى، ثم أعد كتابة الجملة الرقمية للبدء بالجزء الأكبر.

.5

2 + ☐ = ☐

☐ + ☐ = ☐

.6

3 + ☐ = ☐

☐ + ☐ = ☐

ضع دائرة حول العدد الأكبر واحسب بغرض الحل.

.7 $1 + 5 =$ ______

.8 $2 + 6 =$ ______

.9 $4 + 3 =$ ______

.10 $3 + 6 =$ ______

قصة الوحدات | الدرس 20 مجموعة مسائل | 1•1

الاسم _____ التاريخ _____

ضع دائرة حول الجزء الأكبر وأكمل الرابط الرقمي. اكتب الجملة الرقمية، بادئًا بالجزء الأكبر.

a.
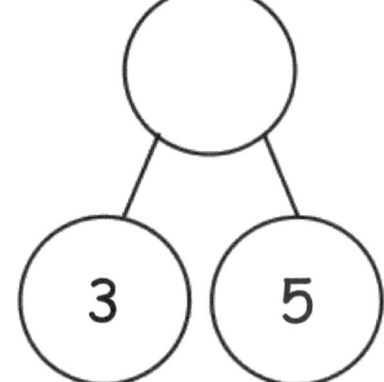

☐ ⊕ ☐ = ☐

b.
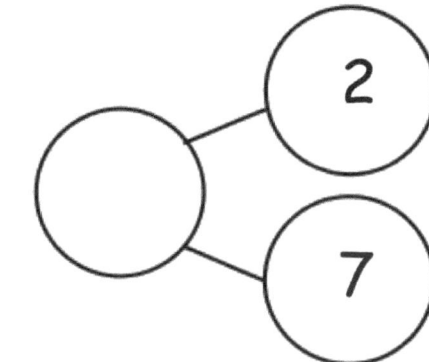

☐ ⊕ ☐ = ☐

الدرس 20: قم بتطبيق الخاصية التبادلية بهدف الحساب بدءًا من إضافة أكبر.

139

اقرأ

جوردان يحمل شنطة تحتوي على 3 أقلام رصاص. أعطاه معلمه 4 أقلام رصاص إضافية ليضعها في الحقيبة الصغيرة. كم عدد أقلام الرصاص في الحقيبة الصغيرة؟ اكتب الرابط الرقمي والجملة الرقمية والبيان لاستعراض الحل.

ارسم

قصة الوحدات | الدرس 21 مسائل تطبيقية | 1•1

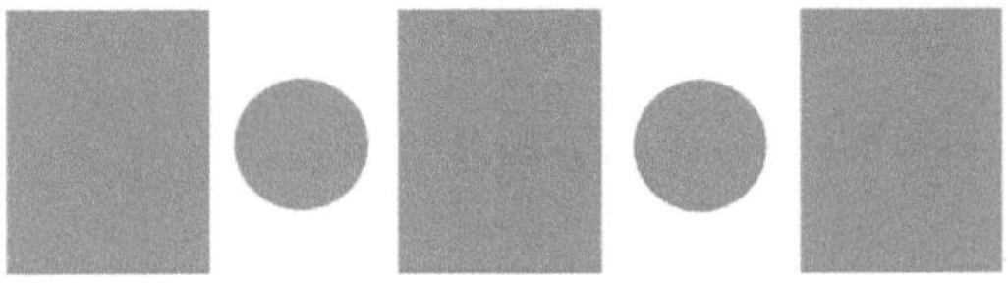

اكتب

_____

_____

_____

الدرس 21: صوّر وحل الأضعاف والازدواج زائد 1 مع بطاقات مجموعات من 5.

الاسم ____________________ التاريخ ____________

أضف الأرقام إلى أزواج البطاقات. اكتب الجمل الرقمية. لوّن التضاعف بالأحمر. لوّن الازدواج زائد 1 بالأزرق.

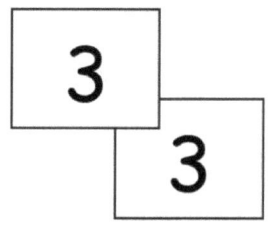

1. 3 3 ____________

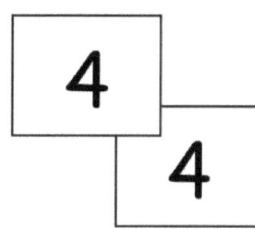

2. 4 4 ____________

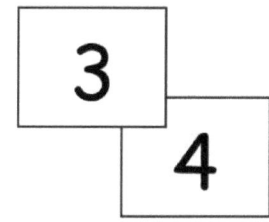

3. 3 4 ____________

4. 5 4 ____________

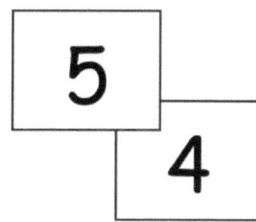

حل. استخدم التضاعف الخاص بك للمساعدة. ارسم واكتب التضاعف الذي يساعدك.

.5 $5 + 4 = \square$ ○○○○○ ○○○○○ ____________

.6 $4 + 3 = \square$ ○○○○○ ○○○○○ ____________

7. حل التضاعف والازدواج زائد 1 في الجمل الرقمية.

أ. $0 + 0 = \square$ $\quad$ $0 + 1 = \square$

ب. $2 + 2 = \square$ $\quad$ $2 + 3 = \square$

ج. $3 + 3 = \square$ $\quad$ $3 + 4 = \square$

د. $4 + 4 = \square$ $\quad$ $4 + 5 = \square$

هـ. $3 + \square = 6$ $\quad$ $3 + \square = 7$

و. $5 + \square = 10$ $\quad$ $4 + \square = 9$

اعرض كيف يمكن لهذه الاستراتيجية مساعدتك في حل $5 + 6 = \square$

9. اكتب مجموعة من 4 حقائق إضافة ذات صلة بعدد الجمل الرقمية من المسألة 7 (د).

| 1•1 | الدرس 21 تذكرة الخروج | قصة الوحدات |

الاسم _____   التاريخ _____

اكتب الضعف والازدواج زائد 1 للجمل الرقمية الخاصة بكل بطاقة بها مجموعة من 5.

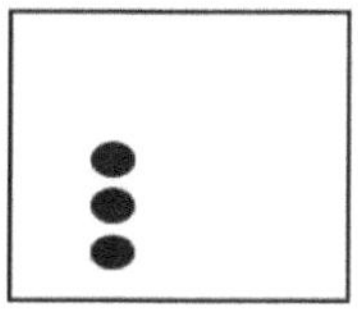

| ⋮ | | 4 | | 5 |

_____   _____   _____

_____   _____   _____

1 + 0	1 + 1	1 + 2	1 + 3	1 + 4	1 + 5	1 + 6	1 + 7	1 + 8	1 + 9
2 + 0	2 + 1	2 + 2	2 + 3	2 + 4	2 + 5	2 + 6	2 + 7	2 + 8	
3 + 0	3 + 1	3 + 2	3 + 3	3 + 4	3 + 5	3 + 6	3 + 7		
4 + 0	4 + 1	4 + 2	4 + 3	4 + 4	4 + 5	4 + 6			
5 + 0	5 + 1	5 + 2	5 + 3	5 + 4	5 + 5				
6 + 0	6 + 1	6 + 2	6 + 3	6 + 4					
7 + 0	7 + 1	7 + 2	7 + 3						
8 + 0	8 + 1	8 + 2							
9 + 0	9 + 1								
10 + 0									

مخطط الإضافة

اقرأ

ماي وكاي توأمان. مهما كان لدى ماي، فإن كاي لديها ذلك أيضًا. ماي لديها دميتان. كم عدد الدمى التي تمتلكها ماي وكاي معًا؟ ماي لديها 3 حيوانات محشوة. كم عدد الحيوانات المحشوة لديهما معا؟

اكتب الرابط الرقمي والجملة الرقمية والبيان لاستعراض حلك.

تمديد: إذا تم تجميع كل الدمى وجميع الحيوانات المحشوة في حفلة شاي خيالية، فكم عدد الألعاب التي ستكون هناك؟ ارسم واكتب لتوضيح ما تفكر به.

قصة الوحدات │ الدرس 22 مسائل تطبيقية │ 1•1

ارسم

اكتب

_____

_____

_____

الدرس 22: ابحث عن الاستدلال المتكرر واستفد منه في مخطط الجمع عن طريق حل المسائل وتحليلها باستخدام الإضافات الشائعة.

الدرس 22 مجموعة المسائل

الاسم _____ التاريخ _____

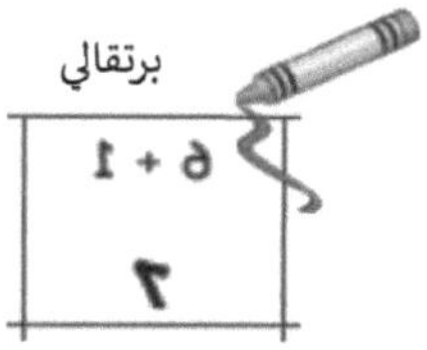

1. استخدم الأحمر لتلوين المربعات من 0 بوصفها إضافة. ابحث عن الإجمالي لكل منها.
2. استخدم البرتقالي لتلوين المربعات من 1 بوصفها إضافة. ابحث عن الإجمالي لكل منها.
3. استخدم الأصفر لتلوين المربعات من 2 بوصفها إضافة. ابحث عن الإجمالي لكل منها.
4. استخدم الأخضر لتلوين المربعات من 3 بوصفها إضافة. ابحث عن الإجمالي لكل منها.
5. استخدم الأزرق لتلوين المربعات المتبقية. ابحث عن الإجمالي لكل منها.

1 + 0	1 + 1	1 + 2	1 + 3	1 + 4	1 + 5	1 + 6	1 + 7	1 + 8	1 + 9
2 + 0	2 + 1	2 + 2	2 + 3	2 + 4	2 + 5	2 + 6	2 + 7	2 + 8	
3 + 0	3 + 1	3 + 2	3 + 3	3 + 4	3 + 5	3 + 6	3 + 7		
4 + 0	4 + 1	4 + 2	4 + 3	4 + 4	4 + 5	4 + 6			
5 + 0	5 + 1	5 + 2	5 + 3	5 + 4	5 + 5				
6 + 0	6 + 1	6 + 2	6 + 3	6 + 4					
7 + 0	7 + 1	7 + 2	7 + 3						
8 + 0	8 + 1	8 + 2							
9 + 0	9 + 1								
10 + 0									

الاسم _____   التاريخ _____

بعض الإضافات في هذا المخطط ناقصة! املأ الأرقام الناقصة.

1 + 0	1 + 1	1 + 2	1 + 3	1 + 4	1 + 5	1 + 6	1 + 7	1 + 8	1 + 9
2 + 0	2 + 1	2 + 2	2 + __	2 + 4	2 + 5	2 + 6	2 + 7	2 + 8	
3 + 0	3 + 1	3 + 2	3 + __	3 + 4	3 + 5	3 + 6	3 + 7		
4 + 0	4 + __	4 + 2	4 + 3	__ + 4	__ + 5	__ + 6			
5 + 0	5 + __	5 + 2	5 + 3	5 + 4	5 + 5				
6 + 0	6 + __	6 + 2	6 + 3	6 + 4					
7 + __	7 + 1	7 + 2	7 + 3						
8 + __	8 + 1	8 + 2							
9 + __	9 + 1								
10 + 0									

اقرأ

جون لديه 3 ملصقات. مارك لديه 4 ملصقات. آنا لديها 5 ملصقات. كلاً منهما حصل على ملصقين زيادة. كم عدد الملصقات لديهما الآن؟ اكتب الرابط الرقمي والجملة الرقمية لكل طالب.

تمديد: كم عدد الملصقات التي يمتلكها جون ومارك وآنا معًا؟

ارسم

اكتب

___
___
___

1•1 الدرس 23 مجموعة المسائل قصة الوحدات

الاسم ________________________ التاريخ ______________

استخدم مخططك لكتابة قائمة بالجمل الرقمية في المساحات أدناه.

Totals of 7	Totals of 8	Totals of 9	Totals of 10

الدرس 23: ابحث عن هيكل رسومات الجمع واستفد منه من خلال البحث عن مشاكل التلوين وإجماليها.

1•1 الدرس 23 تذكرة الخروج

الاسم _____ التاريخ _____

1. ضع دائرة حول المربعات التي يصل إجمالها 10.
2. ارسم X من خلال المربعات التي يصل مجموعها 8.

1 + 0	1 + 1	1 + 2	1 + 3	1 + 4	1 + 5	1 + 6	1 + 7	1 + 8	1 + 9
2 + 0	2 + 1	2 + 2	2 + 3	2 + 4	2 + 5	2 + 6	2 + 7	2 + 8	
3 + 0	3 + 1	3 + 2	3 + 3	3 + 4	3 + 5	3 + 6	3 + 7		
4 + 0	4 + 1	4 + 2	4 + 3	4 + 4	4 + 5	4 + 6			
5 + 0	5 + 1	5 + 2	5 + 3	5 + 4	5 + 5				
6 + 0	6 + 1	6 + 2	6 + 3	6 + 4					
7 + 0	7 + 1	7 + 2	7 + 3						
8 + 0	8 + 1	8 + 2							
9 + 0	9 + 1								
10 + 0									

الدرس 23: ابحث عن هيكل رسومات الجمع واستفد منه من خلال البحث عن مشاكل التلوين وإجماليها.

قصة الوحدات
الدرس 23 نموذج 1•1

1 + 0	1 + 1	1 + 2	1 + 3	1 + 4	1 + 5	1 + 6	1 + 7	1 + 8	1 + 9
2 + 0	2 + 1	2 + 2	2 + 3	2 + 4	2 + 5	2 + 6	2 + 7	2 + 8	
3 + 0	3 + 1	3 + 2	3 + 3	3 + 4	3 + 5	3 + 6	3 + 7		
4 + 0	4 + 1	4 + 2	4 + 3	4 + 4	4 + 5	4 + 6			
5 + 0	5 + 1	5 + 2	5 + 3	5 + 4	5 + 5				
6 + 0	6 + 1	6 + 2	6 + 3	6 + 4					
7 + 0	7 + 1	7 + 2	7 + 3						
8 + 0	8 + 1	8 + 2							
9 + 0	9 + 1								
10 + 0									

مخطط الإضافة، بدءً من الدرس 21

الدرس 23: ابحث عن هيكل رسومات الجمع واستفد منه من خلال البحث عن مشاكل التلوين وإجماليها.

EUREKA MATH

اقرأ

أخبر المعلم هنري بالحصول على 8 مكعبات ربط. أخذ هنري 4 مكعبات زرقاء و3 مكعبات حمراء. هل لدى هنري المقدار الصحيح من مكعبات الربط؟ استخدم الصور والكلمات لشرح فكرتك.

ارسم

اكتب

_____

_____

_____

الاسم _____ التاريخ _____

سلم الحقائق ذات الصلة

1. 3 = 1 + 2

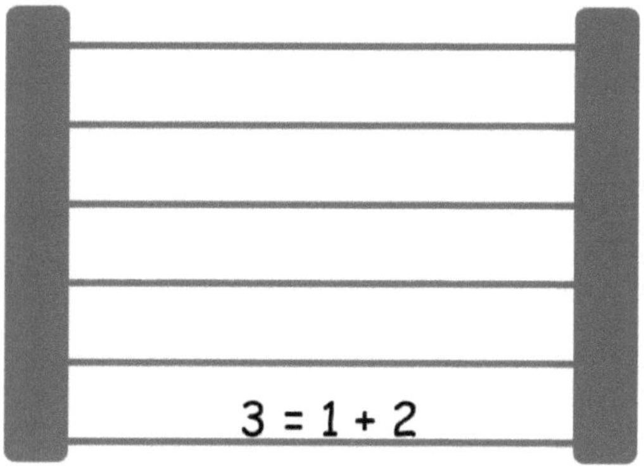

2. 5 = 1 + 4

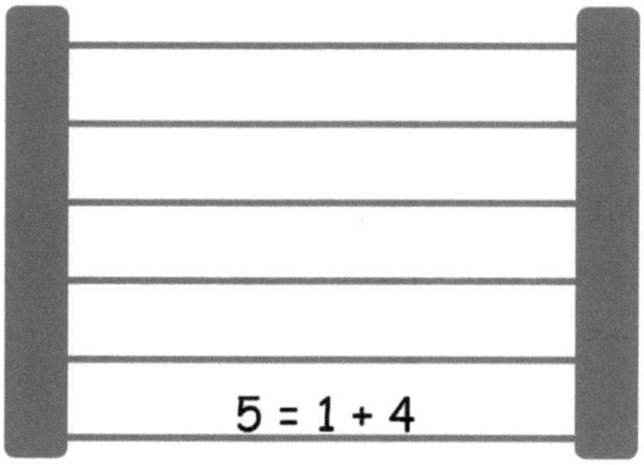

3. 10 = 5 + 5

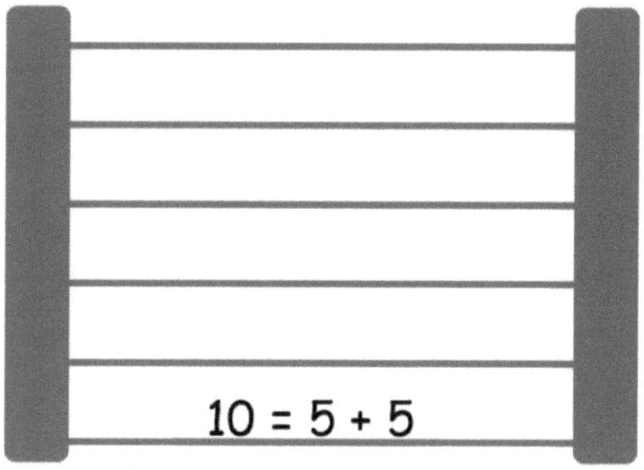

4. 7 = 4 + 3

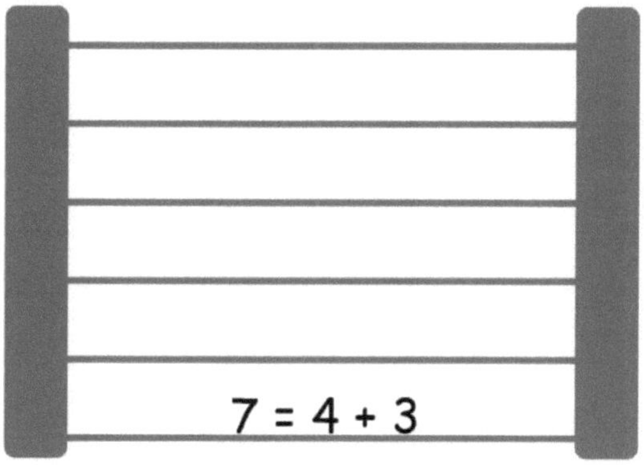

5. 8 = 6 + 2

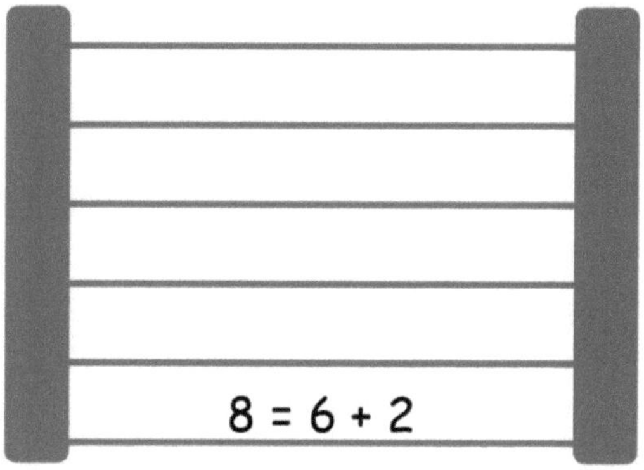

6. 10 = 3 + 7

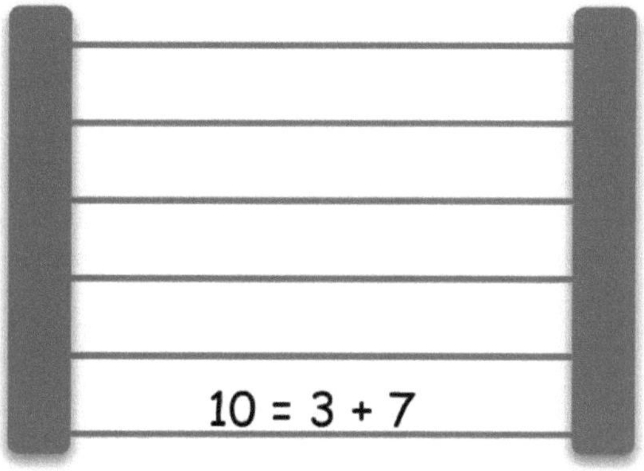

الدرس 24: مارس لبناء الطلاقة مع الحقائق حتى 10.

قصة الوحدات   الدرس 24 تذكرة الخروج   1●1

الاسم _____   التاريخ _____

حل الجمل الرقمية. استخدم المفتاح للتلوين. بمجرد تلوين الصندوق، لا تحتاج إلى تلوينه مرة أخرى.

a. 5 + 2 = ____   b. 7 + 2 = ____   c. 2 + 3 = ____

d. 3 + 3 = ____   e. 7 = 1 + ____   f. 2 = 1 + ____

g. ____ = 4 + 4   h. 8 + 2 = ____   i. 3 + 4 = ____

j. ____ = 5 + 4   k. 10 = 1 + ____   l. 10 = 5 + ____

لوّن الأضعاف بالأحمر.

لوّن 1+ بالأزرق.

لوّن 2+ بالأخضر.

لوّن الأضعاف زائد 1 بالبني.

التحدي:

قائمة الجمل الرقمية التي تم تلوينها بأكثر من طريقة.

اقرأ

حصلت تايلور وشقيقتها رايلي على 4 كتب من المكتبة. ثم عادت رايلي وسجّلت كتابًا آخر. كم عدد الكتب التي يمتلكها تايلور ورايلي معا؟

ارسم وضع وسمًا للرابط الرقمي لتوضيح جزء من الكتب التي أخرجها تايلور والجزء الذي أخرجه رايلي.

اكتب بيانًا لمشاركة إجابتك.

قصة الوحدات الدرس 25 مسائل تطبيقية 1•1

ارسم

اكتب

الدرس 25: حل بإضافة تغيير قصص الرياضيات غير المعروفة مع الجمع، وربطها بالطرح. اعرض المواد، وكتابة جمل الأرقام المقابلة.

الاسم ________________ التاريخ ________________

اقسم الإجمالي إلى أجزاء. اكتب الرابط الرقمي وجمل الجمع والطرح الرقمية لتتناسب القصة.

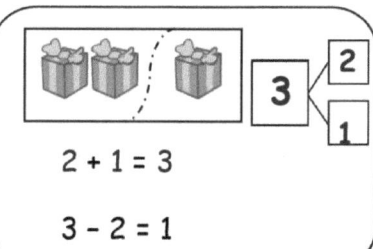

3 → 2، 1

2 + 1 = 3

3 - 2 = 1

1. راشيل ولوسي تلعبان بـ 5 شاحنات. إذا كانت راشيل تلعب باثنين منهم، فكم عدد الشاحنات التي تلعب بها لوسي؟

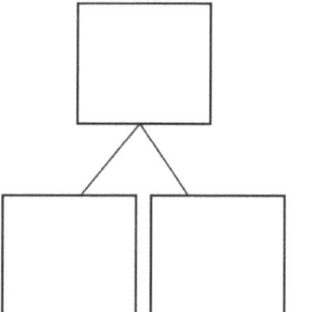

2 + ☐ = 5

5 - 2 = ☐

تلعب لوسي بـ _____ شاحنات.

2. أحضرت جين 9 سمكات. أحضرت 7 سمكات قبل أكلها الغداء. كم عدد السمك التي أحضرتها بعد الغداء؟

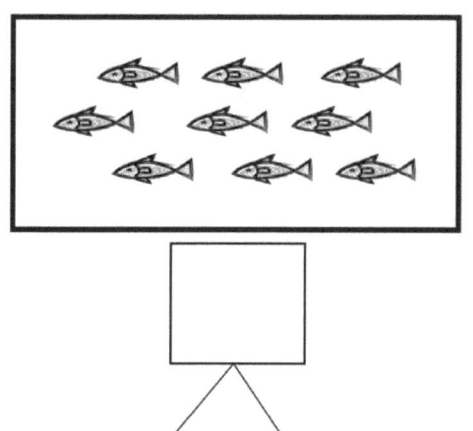

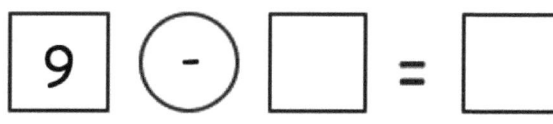

☐ + ☐ = 9

9 - ☐ = ☐

أحضرت جين _____ سمكات بعد الغداء.

3. اشترى الأب 6 قمصان. في اليوم التالي أعاد بعضهم. الآن، لديه قميصان. كم عدد القمصان التي رجعها الأب؟

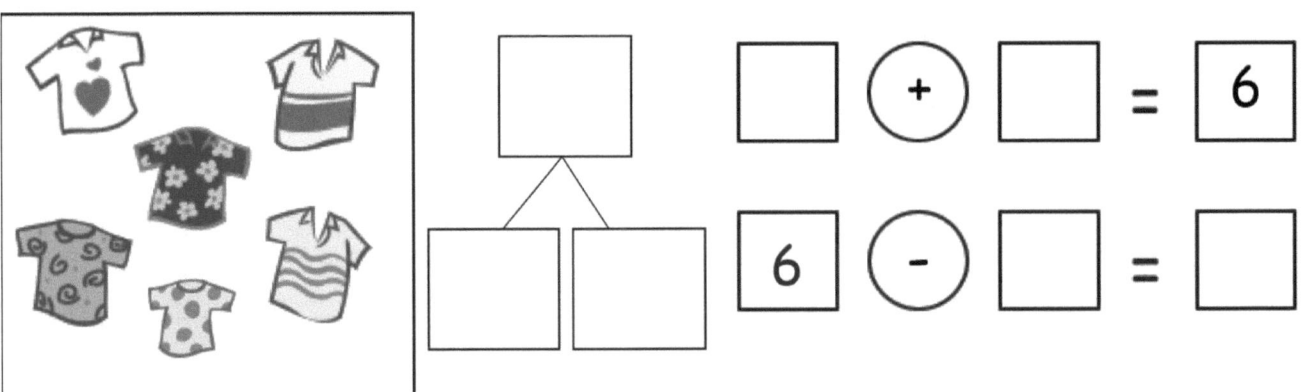

☐ + ☐ = 6

6 - ☐ = ☐

رجع الأب ____ قميص.

4. جون لديه 3 حبات فراولة. ثم، أعطاه صديقه المزيد من الفاكهة. الآن، جون لديه 7 قطع من الفاكهة. كم قطعة من الفاكهة أعطاها له صديق جون؟

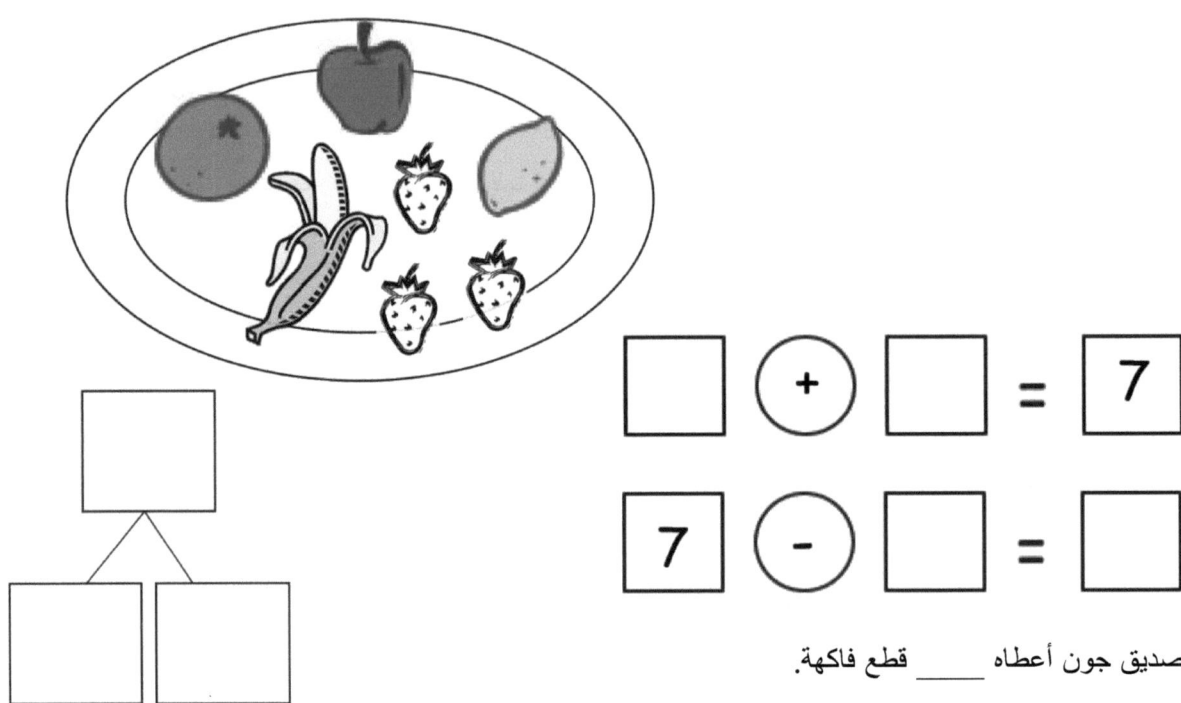

☐ + ☐ = 7

7 - ☐ = ☐

صديق جون أعطاه ____ قطع فاكهة.

الاسم _____ التاريخ _____

حل قصة الرياضيات. أكمل الرابط الرقمي والجمل الرقمية. لوّن الرقم غير المعروف بالأصفر.

اشترى ريتش 6 علب صودا يوم الإثنين.
اشترى المزيد من علب الصودا يوم الثلاثاء.
الآن، لديه 9 علب صودا.
كم عدد العلب التي اشتراها ريتش يوم الثلاثاء؟

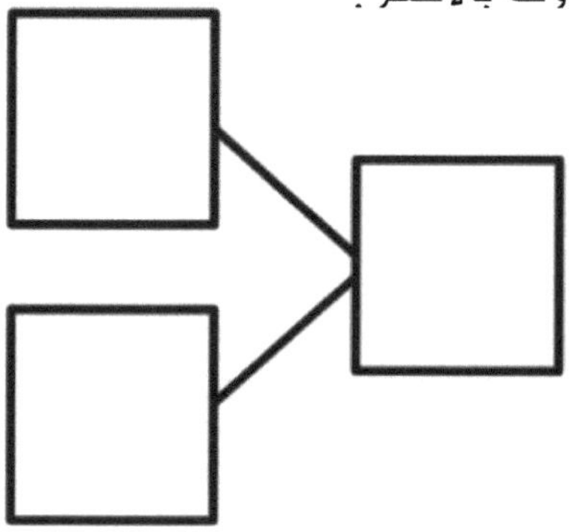

اشترى ريتش _____ علب.

☐ + ☐ = ☐

☐ − ☐ = ☐

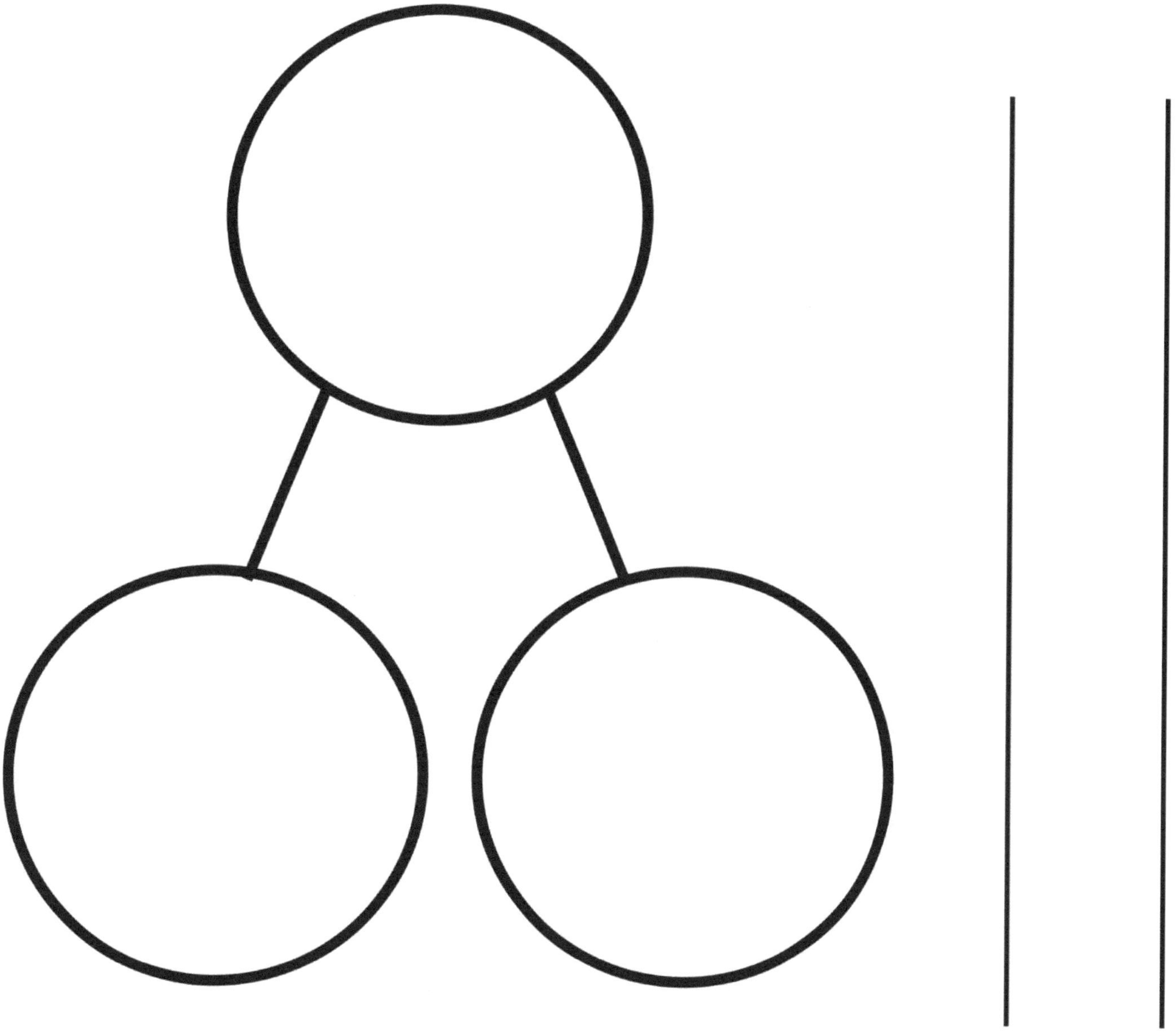

| 1∙1 | الدرس 25 نموذج | قصة الوحدات |

الرابط الرقمي والجمل الرقمية

الدرس 25: حل بإضافة تغيير قصص الرياضيات غير المعروفة مع الجمع، وربطها بالطرح. اعرض المواد، وكتابة جمل الأرقام المقابلة.

اقرأ

هناك 5 طلاب في الكافتيريا. جاء بعض الطلاب متأخرين. الآن، هناك 7 طلاب في الكافتيريا. كم عدد الطلاب الذين جاءوا متأخرين؟

اكتب الرابط الرقمي لمطابقة القصة. اكتب جملة الجمع وجملة الطرح لعرض طريقتين لحل المسألة. ارسم مستطيلاً حول الرقم غير المعروف الذي وجدته.

قصة الوحدات — الدرس 26 مسائل تطبيقية 1•1

ارسم

اكتب

_____

_____

_____

الدرس 26: احسب باستخدام مسار الرقم لإيجاد الجزء غير المعروف.

178

الاسم ____________________ التاريخ ____________

استخدم مسار الرقم للحل.

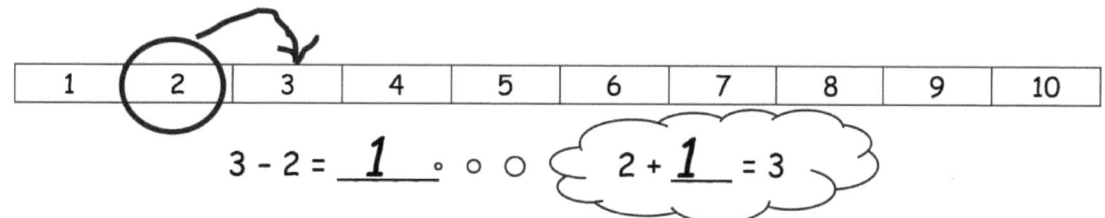

1	2	3	4	5	6	7	8	9	10

3 - 2 = __1__ ○ ○ ○ 2 + __1__ = 3

.1

1	2	3	4	5	6	7	8	9	10

6 - 4 = ______ ○○○ 4 + ______ = 6

.2

1	2	3	4	5	6	7	8	9	10

8 - 5 = ______ ○○○ 5 + ______ = 8

.3

1	2	3	4	5	6	7	8	9	10

9 - 6 = ______ ○○○ 6 + ______ = 9

.4

1	2	3	4	5	6	7	8	9	10

9 - 3 = ______ ○○○ 3 + ______ = 9

قصة الوحدات
الدرس 26 مجموعة المسائل

استخدم مسار الرقم لمساعدتك في الحل.

| 1 | 2 | 3 | 4 | 5 | 6 | 7 | 8 | 9 | 10 |

5. 5 - 4 = ____   4 + ____ = 5

6. 5 - 1 = ____   1 + ____ = 5

7. 7 - 5 = ____   5 + ____ = 7

8. 10 - 6 = ____   6 + ____ = 10

9. 9 - 3 = ____   3 + ____ = 9

قصة الوحدات | الدرس 26 تذكرة الخروج | 1•1

الاسم _____   التاريخ _____

استخدم مسار الرقم للحل. اكتب جملة الجمع التي تستخدمها في مساعدتك للحل.

| 1 | 2 | 3 | 4 | 5 | 6 | 7 | 8 | 9 | 10 |

أ. 7 - 5 = ____   _____

ب. 9 - 2 = ____   _____

ج. ____ = 10 - 3   _____

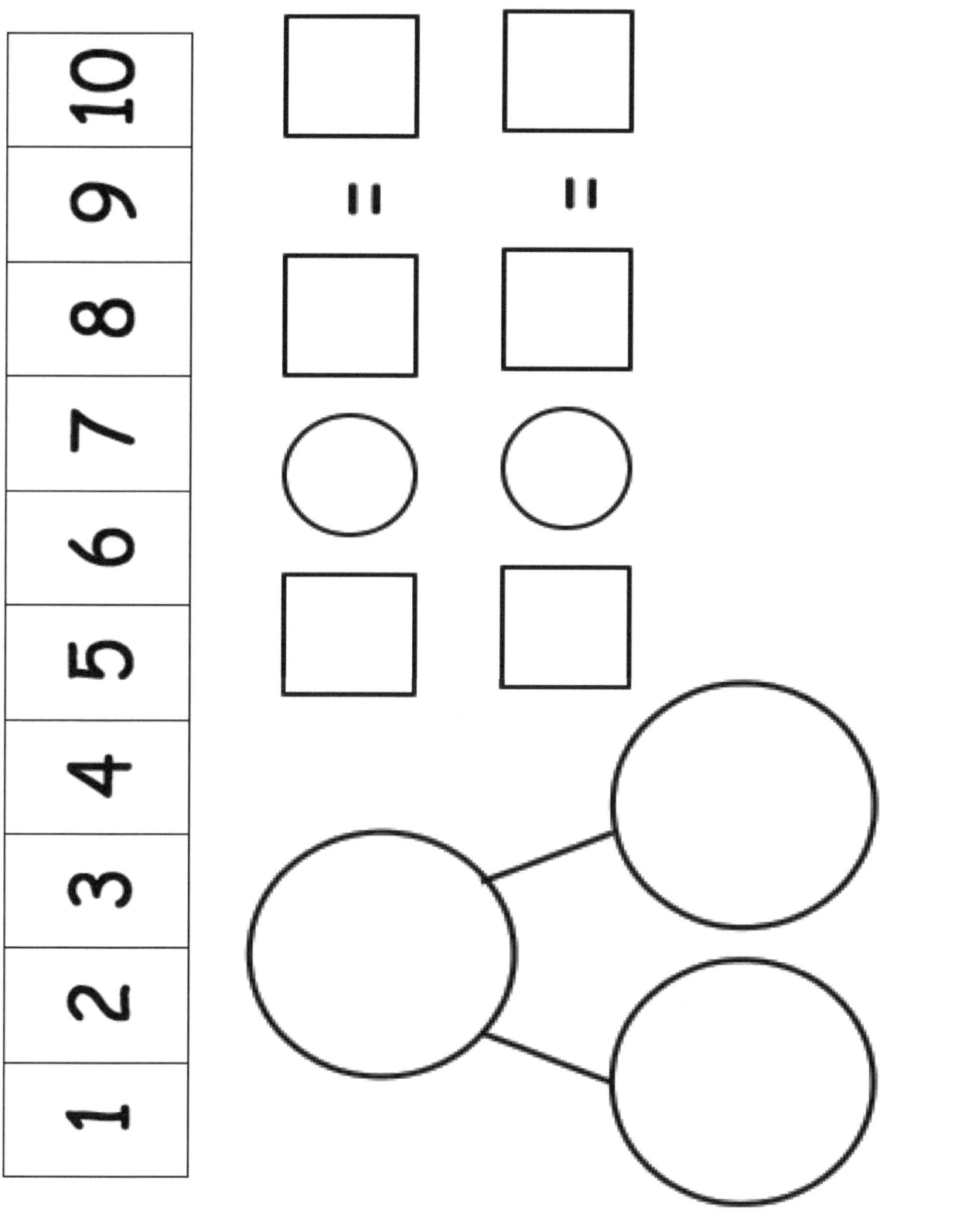

1	2	3	4	5	6	7	8	9	10

مسار الرقم

اقرأ

ماركوس لديه 9 حبات فراولة. ستة حبات منها صغيرة، والباقي كبيرة. كم عدد حبات الفراولة الكبيرة؟ املأ النموذج. ضع دائرة حول اللغز، أو غير المعروف والرقم في الجملة الرقمية واكتب بيان لإجابة السؤال.

ارسم

| 1 | 2 | 3 | 4 | 5 | 6 | 7 | 8 | 9 | 10 |

☐ ◯ ☐ = ☐

☐ ◯ ☐ = ☐

الدرس 27 مسائل تطبيقية

اكتب

_____

_____

_____

الاسم _____ التاريخ _____

| 1 | 2 | 3 | 4 | 5 | 6 | 7 | 8 | 9 | 10 |

أعد كتابة جملة الطرح الرقمية بوصفها جملة الجمع الرقمية.

ضع دائرة حول الرقم غير المعروف. استخدم مسار الرقم إذا أردت ذلك. ☐

1. 4 - 3 = ☐   _____ + _____ = _____

2. 6 - 2 = ☐   _____ + _____ = _____

3. 7 - 3 = ☐   _____ + _____ = _____

4. 9 - 6 = ☐   _____

5. 10 - 2 = ☐   _____

استخدم مسار الرقم للحساب.

6. 8 - 4 = _____   4 + _____ = 8

7. 9 - 5 = _____   5 + _____ = 9

| 1 | 2 | 3 | 4 | 5 | 6 | 7 | 8 | 9 | 10 |

اقفز للخلف نحو مسار الرقم للعد مرة أخرى.

8. 10 - 1 = _____

9. 9 - 2 = _____

10. اختر أفضل طريقة لحل المسألة. افحص المربع.

 عد تصاعديًا   العد العكسي

a. 10 - 9 = _____ ☐ ☐

b. 9 - 1 = _____ ☐ ☐

c. 8 - 5 = _____ ☐ ☐

d. 8 - 6 = _____ ☐ ☐

e. 7 - 4 = _____ ☐ ☐

f. 6 - 3 = _____ ☐ ☐

الاسم _____ التاريخ _____

لحل 7-6، يعتقد بن أنه يجب عليك العد مرة أخرى، ويعتقد بات أنه يجب عليك العد مرة أخرى. ما هي أفضل طريقة لحل هذا التعبير؟ قم بعمل رسم رياضي مبسط لعرض السبب.

$$7 - 6 = \rule{3cm}{0.4pt}$$

اقرأ

تسبح 8 بطات في البركة. طارت 4 بطات منها بعيدًا. كم عدد البط الذي لا يزال يسبح في البركة؟ اكتب الرابط الرقمي والجملة الرقمية والبيان. ارسم مسار الرقم لإثبات إجابتك.

ارسم

قصة الوحدات
الدرس 28 مسائل تطبيقية

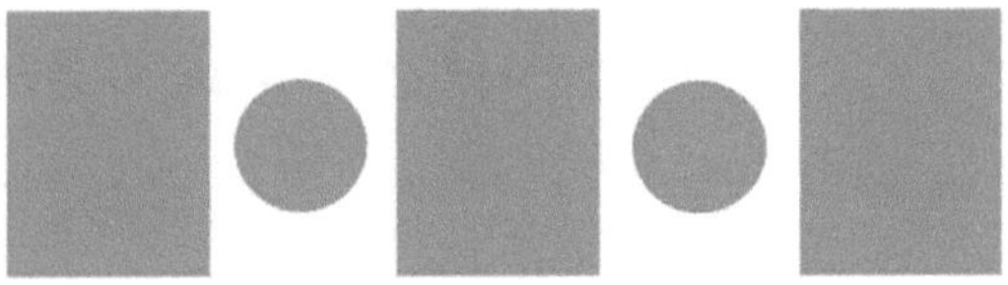

اكتب

_____

_____

_____

الاسم _____ التاريخ _____

اقرأ القصة. ارسم خطًا أفقيًا عبر الأصناف التي تركت القصة. ثم، أكمل الرابط الرقمي والجملة الرقمية والبيان.

1. هناك 5 طائرات لعب تحلق في الحديقة.
طائرة منهم سقطت وتكسرت.
كم عدد الطائرات التي لا تزال تحلق؟

Example: 3 - 2 = 1

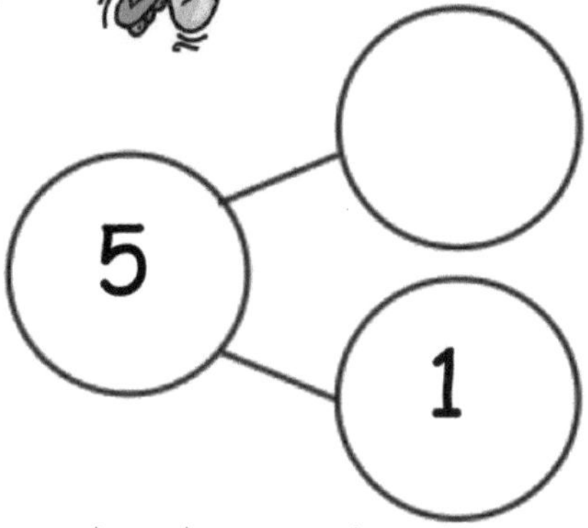

5 - 1 = _____

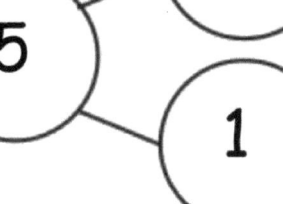

يوجد _____ طائرات لازالت تحلق.

2. اشتريت 6 بيضات من المتجر.
ثلاثة منهم قد كُسرت.
كم عدد البيض غير المكسور؟

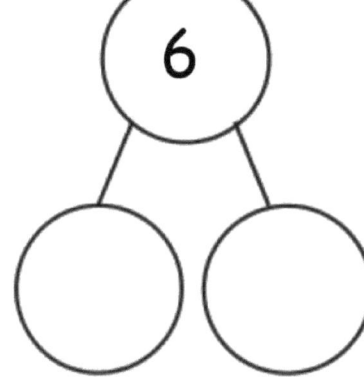

6 - ___ = _____

_____ بيض غير مكسور.

الدرس 28 مجموعة المسائل

ارسم الرابط الرقمي ورسمًا رياضيًا لمساعدتك في حل المسائل.

3. شاهد كيت 8 قطط تلعب في العشب.
ثلاث قطط ذهبت بعيدًا تطارد فأرًا.
كم عدد القطط المتبقية على العشب؟

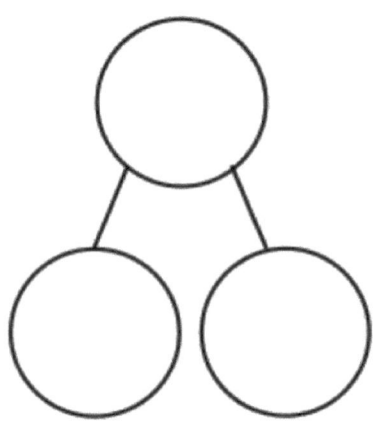

_____ - _____ = _____

_____ قطط متبقية على العشب.

4. يوجد 7 شرائح من المانجو.
اثنتان منها أُكلت بالفعل.
كم عدد شرائح المانجو المتروكة للأكل؟

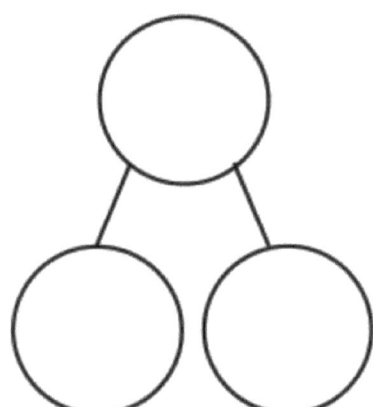

_____ - _____ = _____

يوجد _____ شرائح من المانجو متبقية.

الاسم _____ التاريخ _____

اقرأ المسألة. ابتكر رسم رياضي للحل.

يوجد **9** طائرات ورقية تطير بالحديقة. يوجد ثلاث منها من طائرات ورقية عالقة بالأشجار. كم عدد الطائرات الورقية التي مازالت تحلق؟

___ - ___ = ___

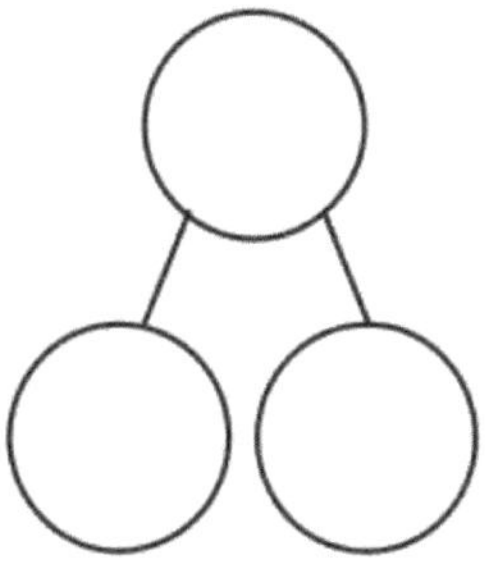

_____ طائرة ورقية لازالت تحلق.

اقرأ

لوكاس لديه 9 أقلام رصاص للمدرسة. أقرض 4 منها إلى أصدقائه. كم عدد أقلام الرصاص التي تركها لوكاس؟ ضع مربع على الحل في الجملة الرقمية الخاصة بك، وادمج البيان مع إجابة السؤال. تأكد من رسم الأشكال البسيطة الخاصة بك في خط مستقيم.

ارسم

اكتب

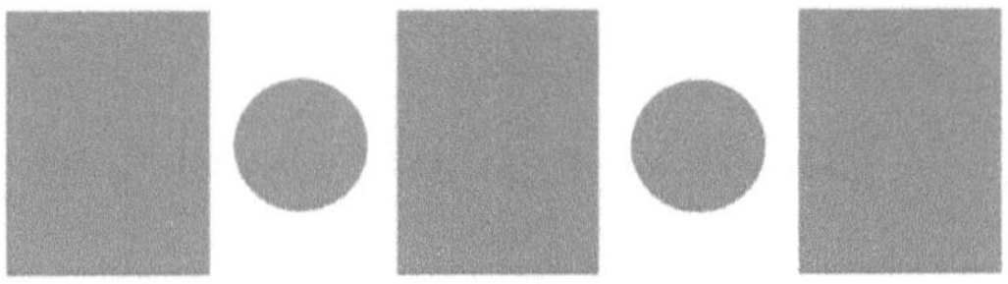

الاسم _____ التاريخ _____

أكمل القصة والحل. عنّون الرابط الرقمي.
لوّن الجزء المفقود في الجملة الرقمية والرابط الرقمي.

1. يوجد ــــــ تفاحات.

   ــــــ لديه ديدان. يا للقرف!

   كم عدد التفاحات السليمة هناك؟

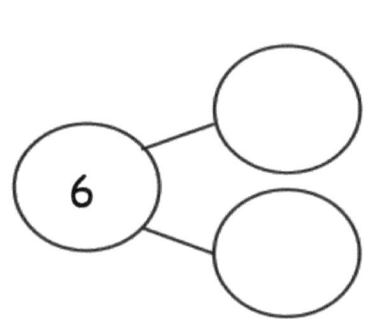

$6 - \square = \square$

يوجد ــــــ تفاحات سليمة.

2. يوجد ــــــ كتب في الحقيبة.

   يوجد ــــــ كتب على الرف العلوي.

   كم عدد الكتب على الرف السفلي؟

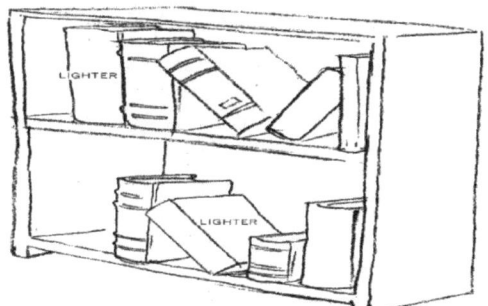

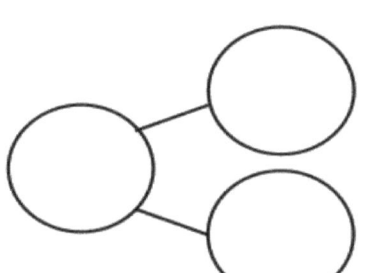

$9 - \square = \square$

يوجد ــــــ كتب على الريف السفلي.

استخدم الروابط الرقمية والرسومات الرياضية في خط لحلها.

مثال الرسم الرياضي والجملة الرقمية

5 - 4 = 1

3. يوجد 8 حيوانات في البركة. يوجد حيوانان كبيران. والبقية حيوانات صغيرة. كم عدد الحيوانات الصغيرة؟

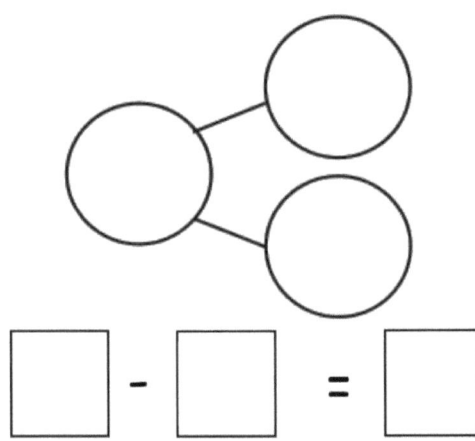

☐ - ☐ = ☐

يوجد _____ حيوانات صغيرة.

---

4. يوجد 7 طلاب في الفصل.

_______ من الطلاب بنات.

كم عدد الطلاب الفتيان؟

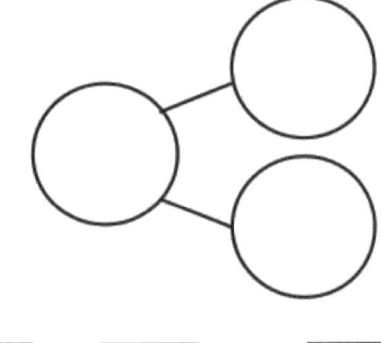

☐ - ☐ = ☐

يوجد ______ طلاب فتيان.

قصة الوحدات | الدرس 29 تذكرة الخروج | 1•1

الاسم _____ التاريخ _____

اقرأ القصة. ابتكر رسم رياضي للحل.

هناك 9 لاعبين البيسبول في الفريق. سبعة لاعبون جالسون على مقعد البدلاء. كم عدد اللاعبين غير الجالسين على مقعد البدلاء؟

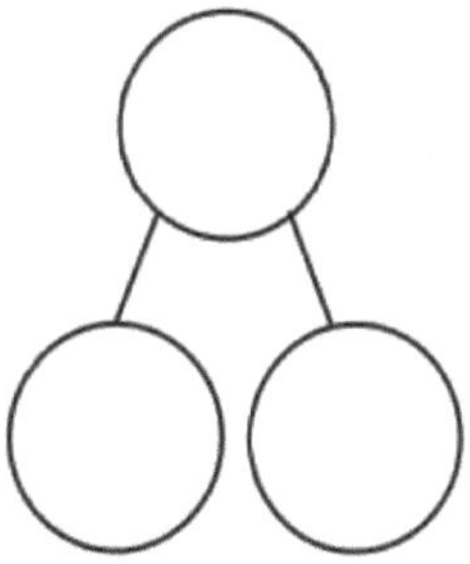

____ = ____ - ____

_____ players are not on the bench.

الدرس 29: حلّها مع إضافة قصص الرياضيات غير المعروفة مع رسومات الرياضيات والمعادلات والعبارات، ودور الجزء المعروف للعثور على المجهول.

201

اقرأ

فريدي لديه 10 مجسمات لشخصيات كرتونية في جيبه. خمسة من هذه المجسمات هم رجال طيبون.

كم عدد مجسمات الشخصيات الكرتونية الشريرة؟

ضع مربع على الحل في الجملة الرقمية الخاصة بك، وادمج البيان مع إجابة السؤال. اعمل رسم رياضي.

ضع دائرة حول الجزء الخاص بالرجال الطيبين لعرض العدد الصحيح للأشرار.

ارسم

اكتب

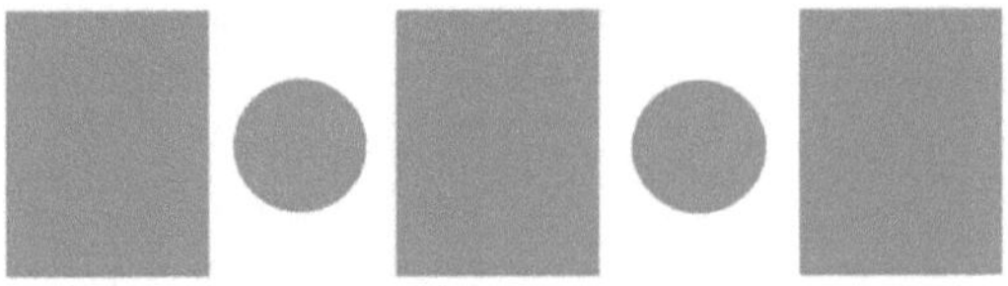

_____
_____
_____

الاسم ______________________________ التاريخ ______________

حل قصص الرياضيات. أكمل وضع علامة على الرابط الرقمي وصورة الرابط الرقمي. ظلّل تظليلاً خفيفًا على الحل.

1. أعطيت جيل ما مجموعه 5 زهور في عيد ميلادها. وضعت 3 منها في مزهرية واحدة والبقية في مزهرية أخرى. كم عدد الزهرات التي وضعتها في مزهرية أخرى؟

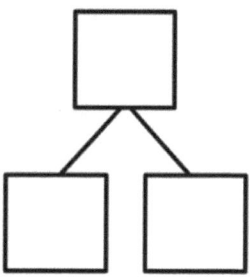

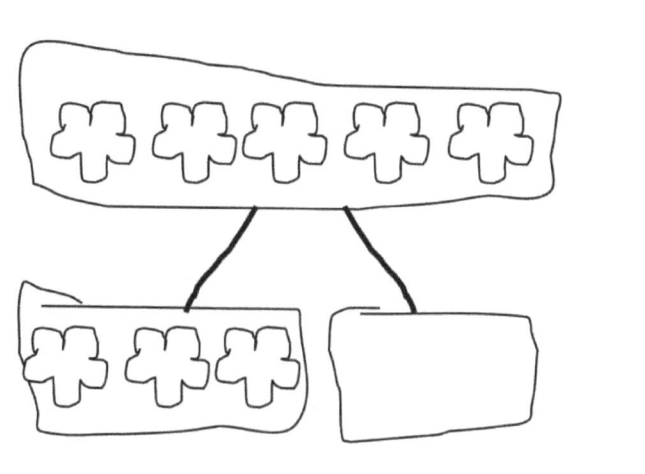

3 + ☐ = 5

5 - 3 = ☐

2. كيت ونانا تخبزان الحلويات. صنعتا 5 قطع حلوى على شكل قلوب، ثم بعض القطع على شكل مربع. صنعتا معًا 8 قطع حلوى. كم عدد قطع الحلوى على شكل مربعات صنعتها؟ ارسم وحل.

5 + ☐ = 8

8 - 5 = ☐

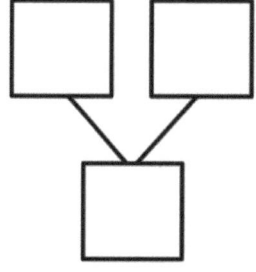

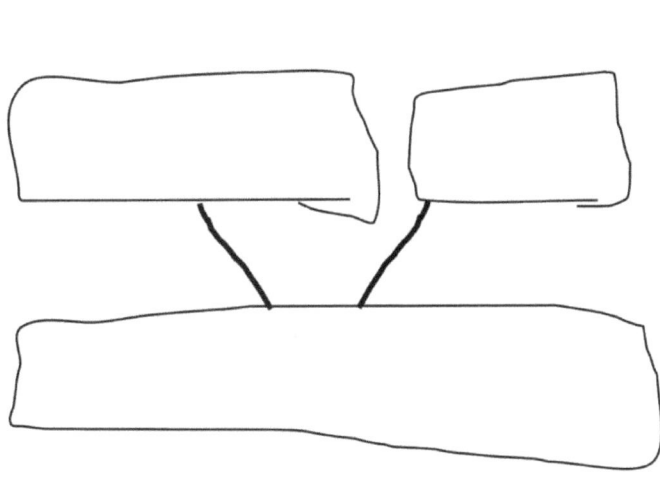

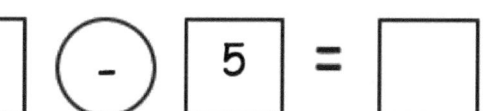

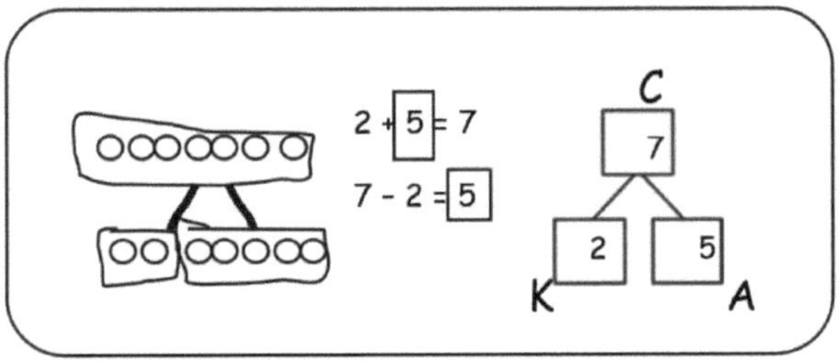

1•1 الدرس 30 مجموعة المسائل

قصة الوحدات

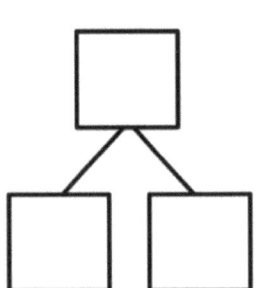

حل. أكمل وضع علامة على الرابط الرقمي وصورة الرابط الرقمي.
ضع دائرة حول الرقم غير المعروف.

3. بيل لديه شاحنتين. جاء صديقه جيمس، ببعض منها. يمتلكان معًا 6 شاحنات.
كم عدد الشاحنات التي أحضرها جيمس؟

____ + ____ = 6

6 - ____ = ____

أحضر جيمس _____ شاحنة.

4. أحضرت جين 5 سمكات قبل وقوفها لتناول الغداء.
بعد الغداء، أحضرت المزيد من السمك.
بنهاية اليوم، أصبح لديها 9 سمكات.
كم عدد السمك التي أحضرته بعد الغداء؟

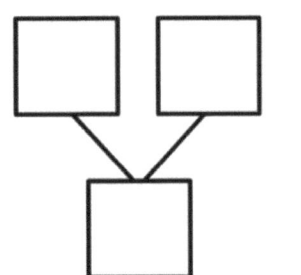

____ + ____ = 9

9 - ____ = ____

أحضرت جين _____ السمك بعد الغداء.

الدرس 30: حل بإضافة تغيير قصص الرياضيات غير المعروفة مع الرسومات والجمع، وربطها بالطرح ذات الصلة.

206

الاسم _____ التاريخ _____

ارسم وعنّون رابط الصورة الرقمي للحل.

يجمع توبي المحار. يوم الإثنين، وجد 6 محارات. يوم الثلاثاء، وجد الكثير منها. وجد توبي 9 محارات إجمالاً. كم عدد المحارات التي وجدها توبي يوم الثلاثاء؟

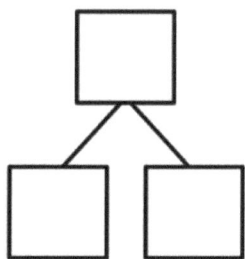

_____ + _____ = _____

_____ - _____ = _____

وجد توبي _____ محارات يوم الثلاثاء.

1•1 الدرس 31 مسائل تطبيقية قصة الوحدات

اقرأ

شاهدت شانيكا 5 حمام على السطح. طار الكثير من الحمام من السطح. ثم عدت 8 حمامات. كم عدد الحمامات التي طارت؟

اكتب الرابط الرقمي وكلا جمل الجمع والطرح الرقمية لتناسب القصة. ضع مربع على الحل في الجملة الرقمية الخاصة بك، وادمج البيان مع إجابة السؤال.

ارسم

اكتب

_____

_____

_____

الاسم ______________________ التاريخ ______________

ابتكر رسمًا رياضيًا، وضع دائرة حول الجزء الذي تعرفه. اشطب على الجزء غير المعروف.

أكمل بالجملة الرقمية والرابط الرقمي.

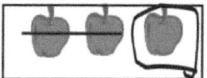

Sample: 3 - 1 = 2

1. كيت لديها 7 قطع الحلوى. بيل أكل بعضًا منها. الآن، كيت لديها 5 قطع حلوى.
كم عدد قطع الحلوى التي أكلها بيل؟

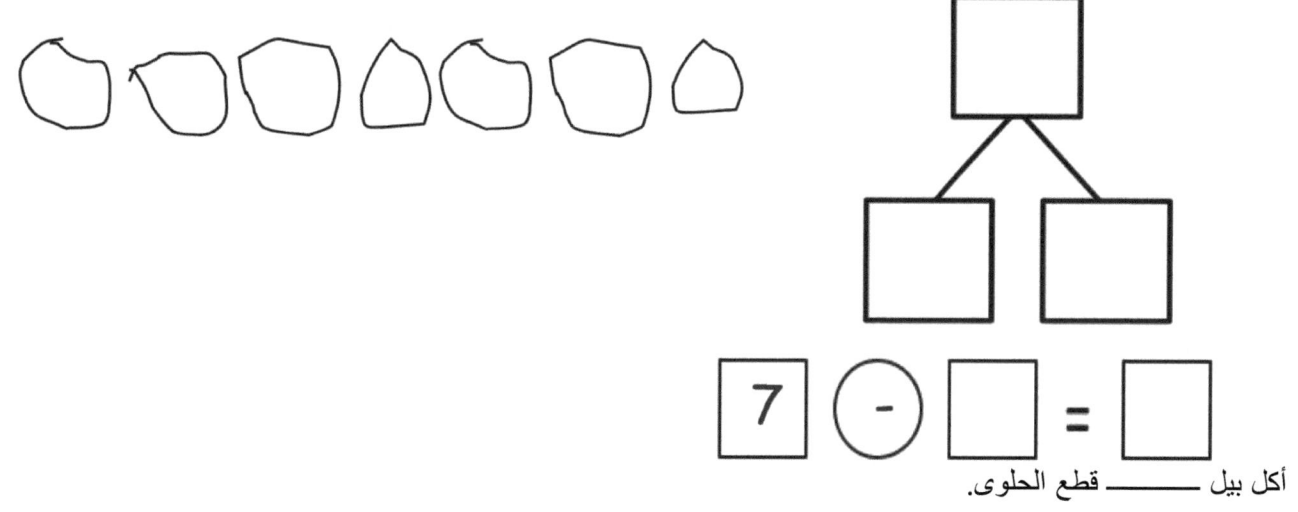

7 - ☐ = ☐

أكل بيل ____ قطع الحلوى.

---

2. يوم الإثنين، تيم لديه 8 أقلام رصاص. يوم الثلاثاء، فقد بعض أقلام الرصاص.
يوم الأربعاء، لدى تيم 4 أقلام رصاص. كم عدد أقلام الرصاص التي ضيعها تيم؟

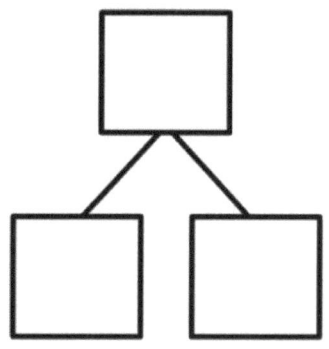

ضيع تيم ____ أقلام رصاص.

☐ - ☐ = ☐

3. يضم المحل 6 قمصان على الرف. الآن، يوجد 2 قميص على الرف. كم عدد القمصان المباعة؟

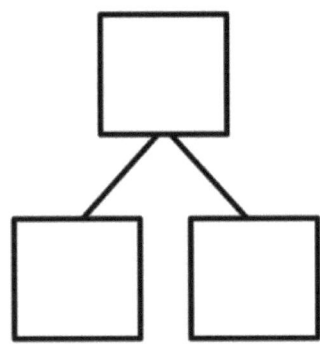

_____ قميص تم بيعه.

---

4. يوجد 9 أطفال بالحديقة. بعض الأطفال موجودون داخل الحديقة. 5 أطفال موجودين. كم عدد الأطفال الداخلين للحديقة؟

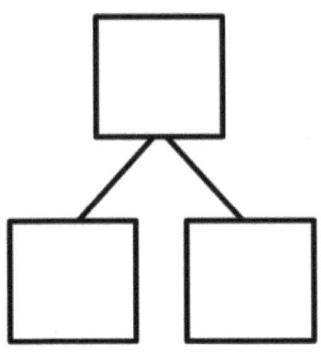

_____ طفل دخل الحديقة.

الاسم _____ التاريخ _____

ابتكر رسمًا رياضيًا، وضع دائرة حول الجزء الذي تعرفه. اشطب على الجزء غير المعروف. أكمل بالجملة الرقمية والرابط الرقمي.

ديب نفخ 9 بالونات. بعض البالونات فرقعت. ثلاث بالونات متروكة. كم عدد البالونات المفرقعة؟

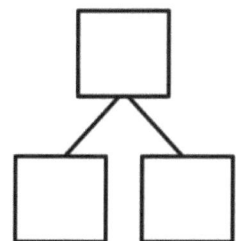

_____ بالونة فرقعت.

اقرأ

يوجد 8 علب عصير في أماكنها المخصصة المربعة. شرب بعض الأطفال عصيرهم. الآن، يوجد 5 علب عصير فقط. كم عدد علب العصير المأخوذة من أماكنها المخصصة المربعة؟

ابتكر الرابط الرقمي. اكتب الجملة الرقمية والبيان لتناسب القصة. ضع مربعًا حول الحل في جملتك الرقمية. ضع الرسم الرياضي لتوضيح سبب معرفتك.

الدرس 32 مسائل تطبيقية 1•1
قصة الوحدات

ارسم

اكتب

216 الدرس 32: أوجد الحل بجمع / استبعد قصص الرياضيات غير المعروفة المجهولة.

الاسم _____ التاريخ _____

حل. استخدم الرسومات الرياضية المبسطة لعرض كيفية الحل مع الجمع والطرح. عنّون الرابط الرقمي.

1.

يوجد 5 تفاحات.

4 تفاحات منهم ملك لـ سامي.

الباقي خاص بـ جيم.

كم عدد التفاحات التي يملكها جيم؟

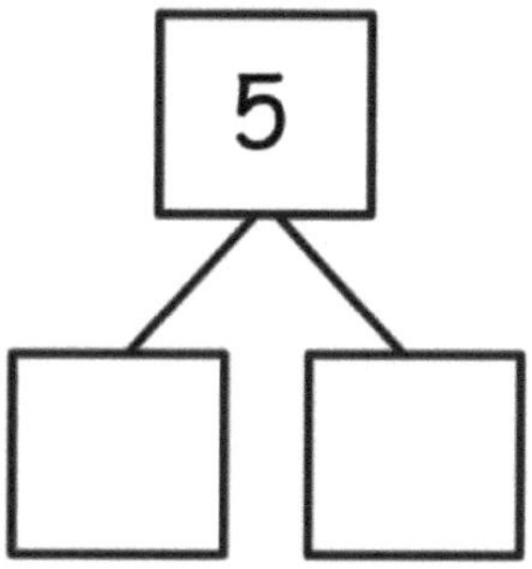

☐ + ☐ = 5

5 - ☐ = ☐

جيم لديه _____ تفاح.

2.

يوجد 8 حبات عيش الغراب. خمسة منهم أسود اللون. والباقي أبيض اللون. كم عدد حبات عيش الغراب البيضاء؟

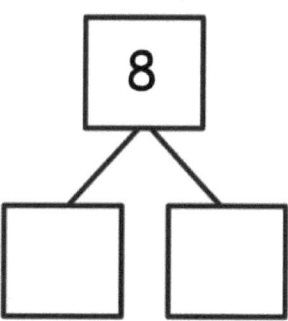

☐ + ☐ = 8

8 - ☐ = ☐

_____ عيش غراب أبيض.

استخدم الرابط الرقمي لإكمال الجمل الرقمية. استخدم الرسومات الرياضية لسرد القصص الرياضية.

3.

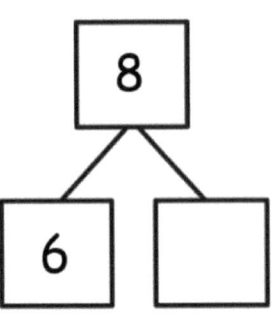

___ + ___ = 8

8 - ___ = ___

4.

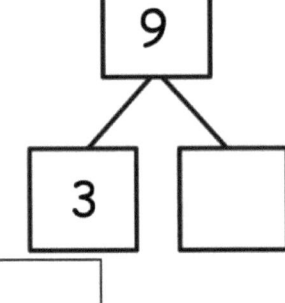

___ + ___ = ___

___ - ___ = ___

الدرس 32 تذكرة الخروج

الاسم _____ التاريخ _____

اقرأ قصة الرياضيات. اعمل رسم رياضي وحل.

جلين لديها 9 أقلام. خمسة منهم أسود اللون. الباقي أزرق اللون. كم عدد الأقلام الزرقاء؟

_____ pens are blue.

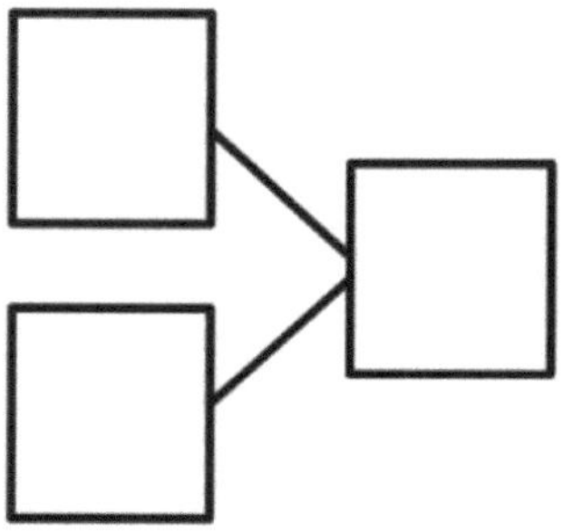

_____ = _____ + _____   _____ = _____ - _____

اقرأ

تسعة أطفال يلعبون بالخارج. طفل واحد يلعب على الأرجوحة والبقية يلعبون لعبة اللمس (الغُميضة). كم عدد الأطفال الذين يلعبون لعبة اللمس (الغُميضة).

اكتب الرابط الرقمي والجملة الرقمية. ضع الرسم الرياضي لتوضيح سبب معرفتك.

ارسم

اكتب

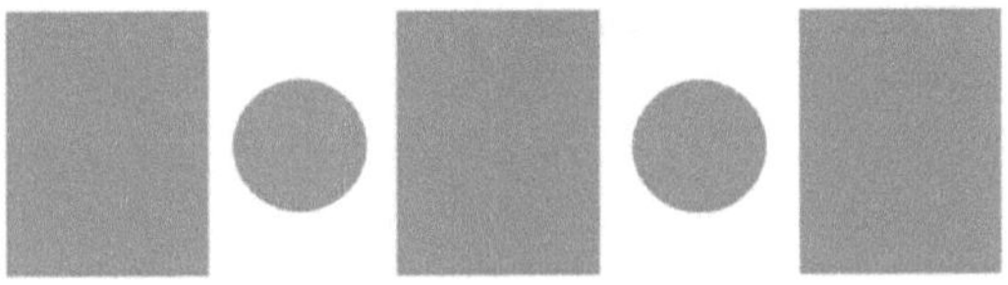

يوجد هناك أطفال يلعبون لعبة اللمس (الغُميضة).

قصة الوحدات   الدرس 33 مجموعة المسائل   1•1

الاسم _____   التاريخ _____

اشطب عند الحاجة، بغرض الطرح.

1.   ●●●●● ○   2.   ●●●●● ○○⊖
                          8-1 = □ 

6 - 1 = _____   6 - 0 = _____

إذا أردت، اعمل رسم لمجموعة من 5 مثل نظيرتها أعلاه. فسّر الطرح.

3.   4.

7 - 1 = _____   7 - 0 = _____

5.   6.

10 - 1 = _____   10 - 0 = _____

7.   8.

8 - 1 = _____   8 - 0 = _____

9.   10.

9 - 1 = _____   9 - 0 = _____

اشطب عند الحاجة، بغرض الطرح.

11. 6 - 1 = _____

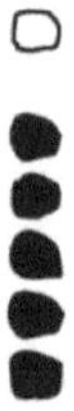

12. 8 - 1 = _____

13. 9 - 0 = _____

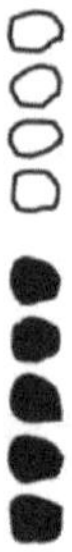

اطرح.

14. 7 - 1 = _____

15. 8 - 0 = _____

16. 9 - 1 = _____

17. أكمل الرقم الناقص. صوّر مجموعاتك من 5 لتساعدك.

أ. 6 - 0 = _____   ب. 6 - 1 = _____

ج. 7 - _____ = 7   د. 7 - 1 = _____

هـ. 8 - 0 = _____   و. 7 = _____ - 8

ز. 9 - _____ = 9   ح. 9 - 1 = _____

ط. 10 = _____ - 10   ي. 9 = _____ - 10

الاسم ____________________ التاريخ ____________

أكمل الجمل الرقمية. إذا أردت، اعمل رسومات لمجموعة من 5 لتفسير الطرح.

.1

9 - 1 = _____

.2

8 = _____ - 0

.3

8 = _____ - 1

.4

10 = 10 - ____

اقرأ

ثلاثة وثمانون خرزة تنسكب على الأرض. يلتقط كل طالب حبة خرزة. كم عدد حبات الخرز الموجودة على الأرض؟

اكتب الرابط الرقمي والجملة الرقمية والبيان لمشاركة حلك.

تمديد: إذا التقط الطفل الثاني أكثر من 10 حبات خرز، فكم عدد حبات الخرز ستظل على الأرض؟ استخدم الروابط لعرض فكرتك.

1•1 الدرس 34 مسائل تطبيقية
قصة الوحدات

ارسم

اكتب

الدرس 34: نموذج $n - n$ و$(n - 1) - n$ بشكل مصور وكجمل طرح.

قصة الوحدات — الدرس 34 مجموعة المسائل — 1•1

الاسم _____ التاريخ _____

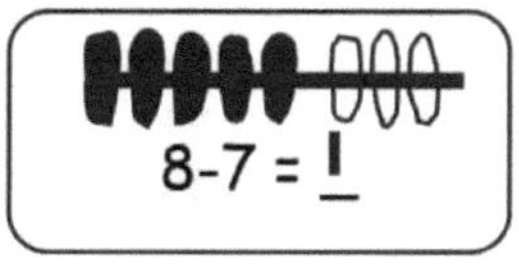

اشطب بغرض الطرح.

[8 - 7 = 1]

1. ●●●●● ○

6 - 6 = _____

2. ●●●●● ○

6 - 5 = _____

اطرح. اعمل رسمة رياضية، مثل نظيرتها أعلاه، لكل مسألة.

3.

7 - 7 = _____

4.

7 - 6 = _____

5.

10 - 10 = _____

6.

10 - 9 = _____

7.

8 - 8 = _____

8.

8 - 7 = _____

9.

9 - 9 = _____

10.

9 - 8 = _____

الدرس 34: نموذج $n - n$ و $n - (n - 1)$ بشكل مصور وكجمل طرح.

229

اشطب عند الحاجة، بغرض الطرح.

11. 6 - 6 = _____

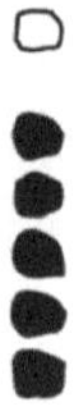

12. 8 - 8 = _____

13. 9 - 8 = _____

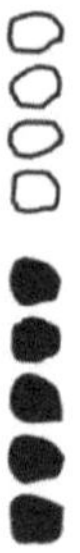

اطرح. اعمل رسمة رياضية، مثل نظيرتها أعلاه، لكل مسألة.

14. 7 - 7 = _____

15. 8 - 7 = _____

16. 9 - 9 = _____

17. أكمل الرقم الناقص. صوّر مجموعاتك من 5 لتساعدك.

أ. 6 - 6 = _____   ب. 6 - 5 = _____

ج. _____ - 7 = 0   د. 7 - 6 = _____

هـ. 8 - 8 = _____   و. 8 - _____ = 1

ز. 9 - _____ = 0   ح. 9 - 8 = _____

ط. 10 - _____ = 10   ي. 10 - _____ = 1

الاسم ______________________________ التاريخ ______________

اعمل رسومات مجموعات من 5 لعرض الطرح.

.1

9 - _____ = 1

.2

0 = 10 - _____

.3

1 = _____ - 7

.4

0 = _____ - 9

EUREKA MATH

اقرأ

سكب المدرس 18 حبة خرزة على الأرض اليوم. التقط الطالب 17 حبات خرز. كم عدد حبات الخرز الموجودة على الأرض؟

اكتب الرابط الرقمي والجملة الرقمية والبيان لمشاركة حلك.

تمديد: إذا التقط طالبان 17 حبة خرز، فكم عدد حبات الخرز الواجب على كل طال التقاطها؟ أنشيء الرابط الرقمي لعرض حلك.

1•1 الدرس 34 تذكرة الخروج

قصة الوحدات

ارسم

اكتب

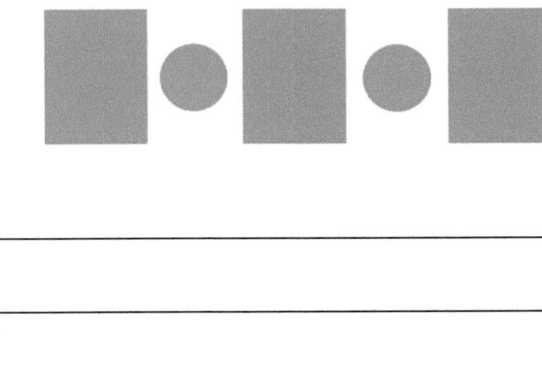

234 الدرس 35: اربط بين حقائق الطرح التي تتضمن الخمسات والمضاعفات في التحليلات المقابلة.

الاسم ____________________ التاريخ ____________

حل مجموعة من الجمل الرقمية. ابحث عن المجموعات السهلة للشطب.

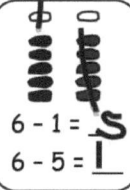

.1

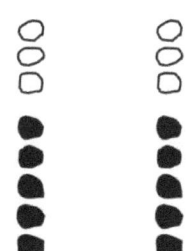

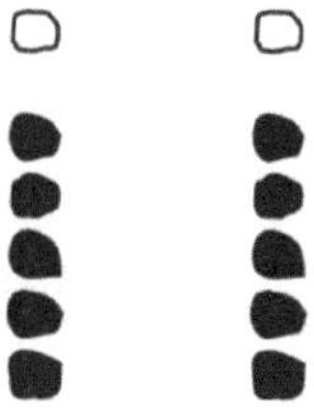

$6 - 5 =$ __

$6 - 1 =$ __

.2

$8 - 3 =$ __

$8 - 5 =$ __

.3

$9 - 4 =$ __

$9 - 5 =$ __

اطرح. أنشيء رسم رياضي لكل مشكلة مثل الموجودة أعلاه. اكتب الرابط الرقمي.

.4

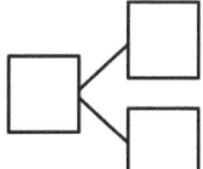

$7 - 5 =$ __

$7 - 2 =$ __

.5

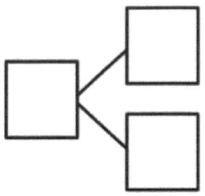

$10 - 5 =$ __

6. حل. صوّر مجموعاتك من 5 لتساعدك.

أ. $7 - 5 = ___$ ب. $7 - ___ = 5$ ج. $8 - 3 = ___$

د. $9 - ___ = 4$ هـ. $9 - ___ = 5$ و. $8 - ___ = 3$

أكمل الرابط الرقمي والجملة الرقمية لكل مسألة.

7. $4 - 2 = ___$

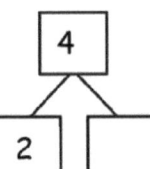

8. $6 - 3 = ___$

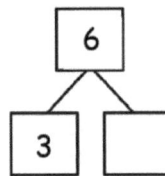

9. $10 - 5 = ___$

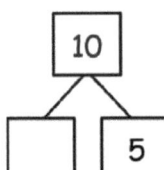

10. $8 - 4 = ___$

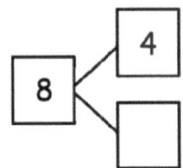

8

11. $8 - 4 = ___$

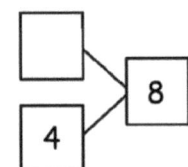

8

12. $6 - 3 = ___$

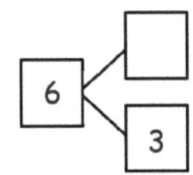

13. أكمل الجمل الرقمية أدناه. ضع دائرة حول الاستراتيجية التي تساعدك.

أ. مجموعات في كل منها 5 | أضعاف | $7 - 5 = ___$

ب. مجموعات في كل منها 5 | أضعاف | $7 - 2 = ___$

ج. مجموعات في كل منها 5 | أضعاف | $8 - 4 = ___$

د. مجموعات في كل منها 5 | أضعاف | $8 - 3 = ___$

هـ. مجموعات في كل منها 5 | أضعاف | $8 - 5 = ___$

و. مجموعات في كل منها 5 | أضعاف | $10 - 5 = ___$

الاسم _____ التاريخ _____

حل الجمل الرقمية. أنشيء الرابط الرقمي.

ارسم صورة واكتب بيان حول الاستراتيجية التي تساعدك.

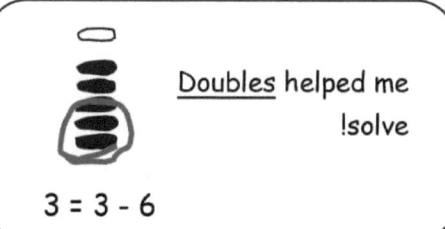

1. ___ − 5 = 5   2. 8 − ___ = 4   3. 9 − ___ = 4

اقرأ

يوجد 10 حبات خرز على الأرض. هناك نفس العدد من الخرز الأحمر مثل الخرز الأبيض. يلتقط الطالب الخرز الأبيض. كم عدد حبات الخرز الموجودة على الأرض؟

اكتب الرابط الرقمي والجملة الرقمية والبيان لمشاركة حلك. ضع الرسم الرياضي لتوضيح سبب معرفتك.

ارسم

اكتب

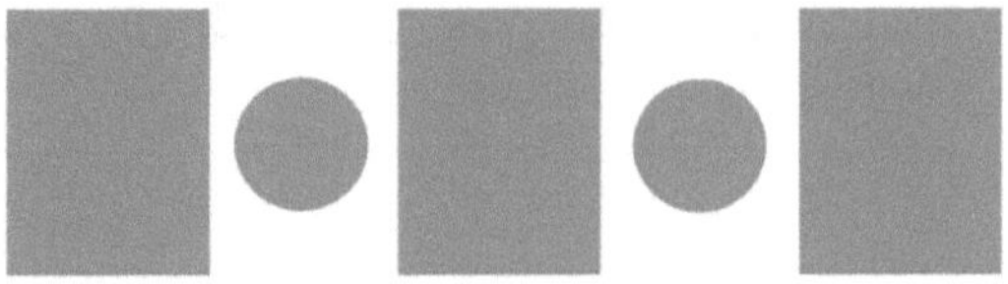

_____

_____

_____

الاسم ______________________ التاريخ ______________

حل المجموعات. اشطب المجموعات من 5.
استخدم الجملة الرقمية الأولى لمساعدتك في حل ما يلي.

.1

$10 - 9 =$ __

$10 - 1 =$ __

.2

$10 - 6 =$ __

$10 - 4 =$ __

.3

$10 - 3 =$ __

$10 - 7 =$ __

أنشيء رسم رياضي وحل.

.4

$10 - 4 =$ __

$10 - 6 =$ __

.5

$10 - 5 =$ __

.6

$10 - 8 =$ __

$10 - 2 =$ __

الدرس 36: اربط الطرح من 10 إلى التحليلات المقابلة.

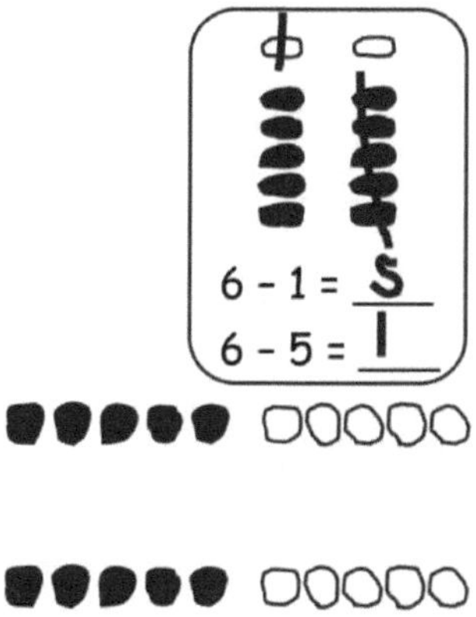

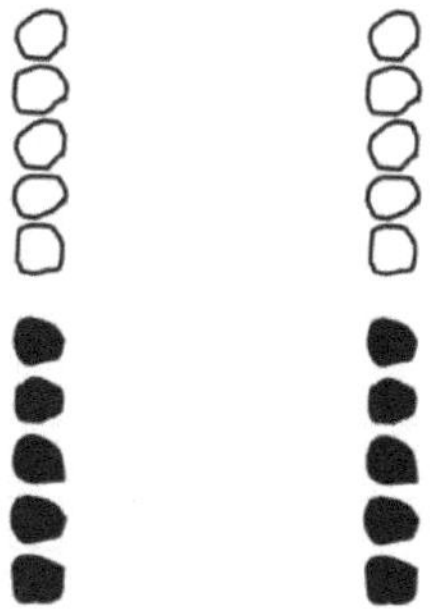

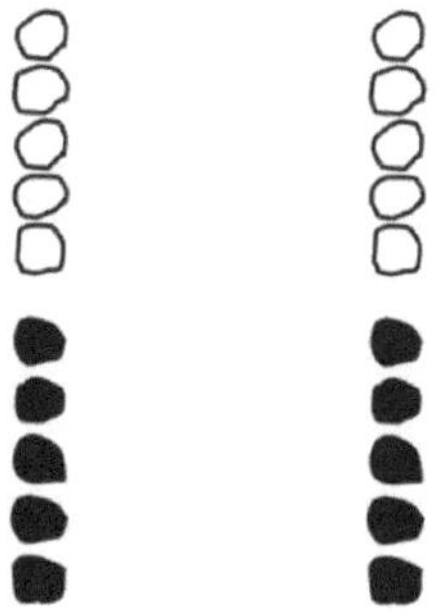

اطرح. ثم، اكتب جملة الطرح الأخرى ذات الصلة.
أنشيء رسم رياضي إذا لزم الأمر، وأكمل الرابط الرقمي لكل منها.

7.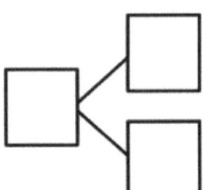

10 - 8 = __

_____

8.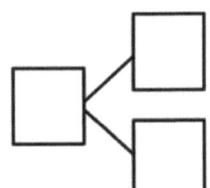

10 - 9 = __

_____

9.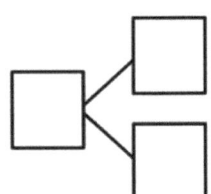

10 - 3 = __

_____

10.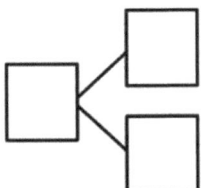

10 - 6 = __

_____

11. أكمل الرقم الناقص. اكتب جملتين طرح متطابقتين.

أ.

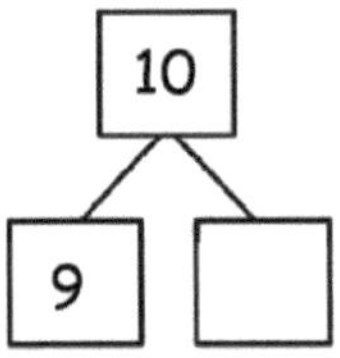

_____
_____

ب.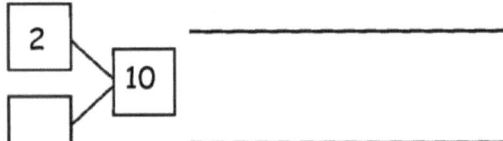

_____
_____

ج.

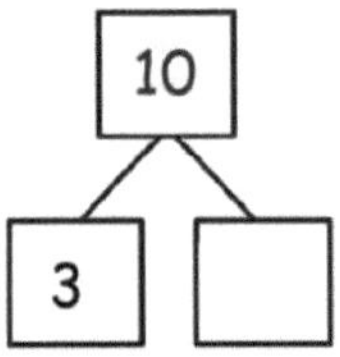

_____
_____

د.

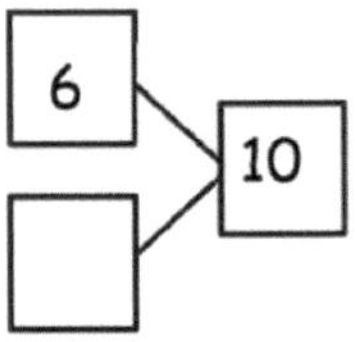

_____
_____

هـ.

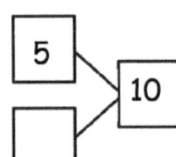

_____
_____

الاسم _____ التاريخ _____

أكمل الرقم الناقص. ارسم صورة رياضية إذا لزم الأمر. اكتب جملتين طرح متطابقتين.

1. 10 / 4, ☐

2. 10 / 2, ☐

3. 10 / 7, ☐

_____ _____ _____

_____ _____ _____

1•1 الدرس 37 مسائل تطبيقية
قصة الوحدات

اقرأ

يوجد 10 حبات خرز على الأرض. التقط الطالب بعض حبات الخرز ولكن البعض متبقي على الأرض. اكتب الرابط الرقمي والجملة الرقمية لتطابق هذه القصة.

تمديد: ما الروابط الرقمية والجمل الرقمية الأخرى التي تطابق هذه القصة؟ حاول أن تسرد كل الاحتمالات.

ارسم

1•1 الدرس 37 مسائل تطبيقية

اكتب

_____

_____

_____

الدرس 37 مجموعة المسائل

الاسم _____ التاريخ _____

حل المجموعات. اشطب المجموعات من 5. اكتب جملة الطرح ذات الصلة التي لها نفس الرابط الرقمي.

1.

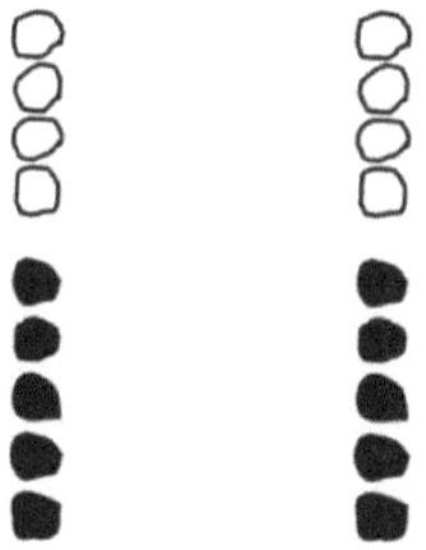

9 − 8 = ___

9 − 1 = ___

2.

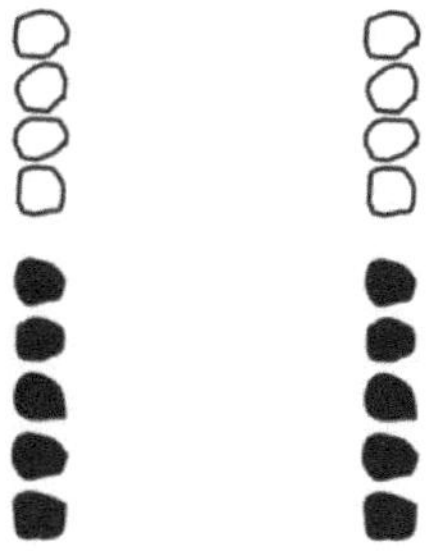

9 − 7 = ___

_____

3.

9 − 9 = ___

_____

أنشيء رسم المجموعة من 5. حل واكتب جملة الطرح ذات الصلة التي لها نفس الرابط الرقمي. اشطب بغرض الطرح.

4.

9 − 6 = ___

_____

5.

9 − 4 = ___

_____

6.

9 − 3 = ___

_____

اطرح. ثم، اكتب جملة الطرح الأخرى ذات الصلة.

أنشيء رسم رياضي إذا لزم الأمر، وأكمل الرابط الرقمي.

7.

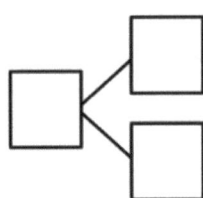

$9 - 5 = __$

____

8.

$9 - 8 = __$

____

9.

$9 - 7 = __$

____

10.

$9 - 3 = __$

____

11. أكمل الرقم الناقص. اكتب جملتين طرح متطابقتين.

أ.

____

____

ب.

8

____

____

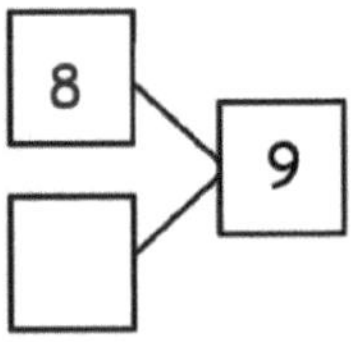

ج.

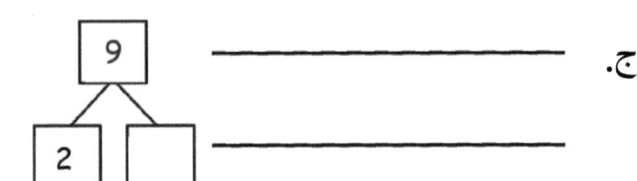

____

____

د.

____

____

هـ.

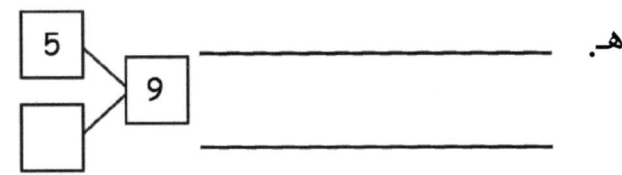

____

____

الاسم _____ التاريخ _____

أكمل الرقم الناقص. ارسم صورة رياضية إذا لزم الأمر. اكتب جملتين طرح متطابقتين.

1.   9 / 7, ☐

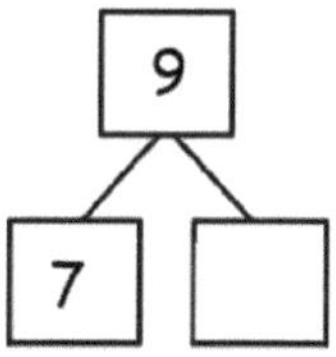

2.   9 / ☐, 3

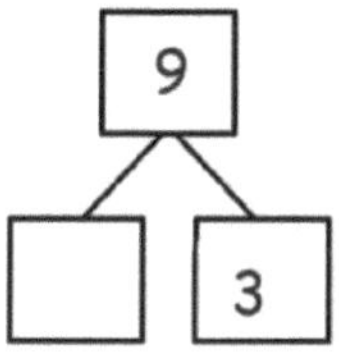

3.   9 / 4, ☐

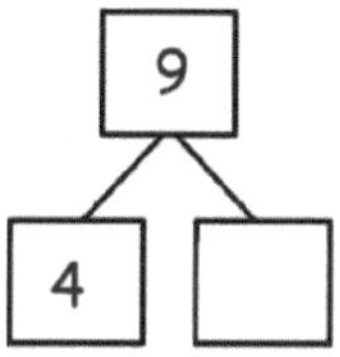

_____   _____   _____

_____   _____   _____

اقرأ

قارنا جيسي وكارل حبات الخرز التي التقاطها. التقطت جيسي 9 حبات خرز. 5 حبات منهم كانت حمراء والبقية بيضاء. التقط كارل 5 حبات خرز حمراء و4 حبات خرز بيضاء. يقول كارل بأن لديهما نفس عدد حبات الخرز البيضاء. هل كارل محقًّا؟

ارسم وحدد عملك لإيضاح عما تفكر.

ارسم

اكتب

___

___

___

قصة الوحدات | الدرس 38 مجموعة المسائل | 1•1

الاسم _____ التاريخ _____

Pick a subtraction card.

Find the related addition fact on the chart and shade it in.

Write the subtraction sentence and a number bond to match.

Continue for at least 6 turns.

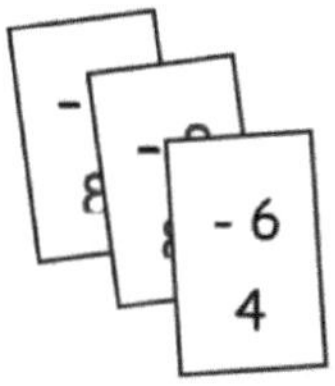

									9+1
								8+2	8+1
							7+3	7+2	7+1
						6+4	6+3	6+2	6+1
					5+5	5+4	5+3	5+2	5+1
				4+6	4+5	4+4	4+3	4+2	4+1
			3+7	3+6	3+5	3+4	3+3	3+2	3+1
		2+8	2+7	2+6	2+5	2+4	2+3	2+2	2+1
	1+9	1+8	1+7	1+6	1+5	1+4	1+3	1+2	1+1
0+10	0+9	0+8	0+7	0+6	0+5	0+4	0+3	0+2	0+1

الدرس 38: ابحث عن الاستدلال المتكرر واستفد منه في مخطط الجمع عن طريق حل مسائل الطرح.

253

Copyright © Great Minds PBC

في مخطط الإضافة، ظلّل المربع بالبرتقالي. اكتب حقيقة الطرح ذات الصلة في مكان فارغ أسفل الرابط الرقمي. لوّن كافة الأرقام الإجمالية بالبرتقالي.

1. 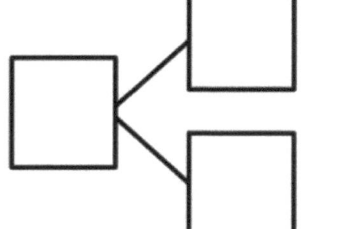 _____ − _____ = _____

2. 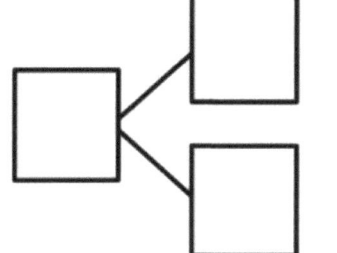 _____ − _____ = _____

3. 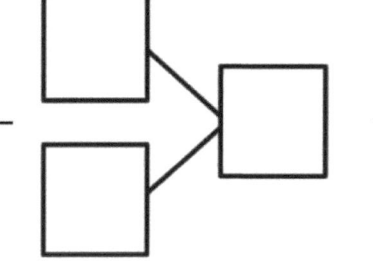 _____ − _____ = _____

4. 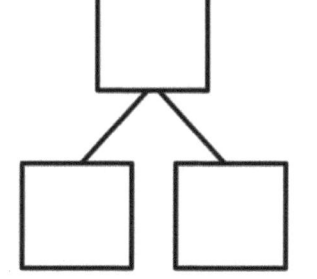 _____ = _____ − _____

5. 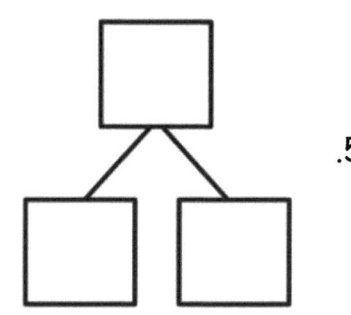 _____ = _____ − _____

الدرس 38 تذكرة الخروج 1•1

الاسم ____________________ التاريخ ____________

اكتب الجمل الرقمية ذات الصلة بالراوبط الرقمية.

.1

3

____ - ____ = ____

____ + ____ = ____

____ ○ ____ = ____

____ ○ ____ = ____

.2

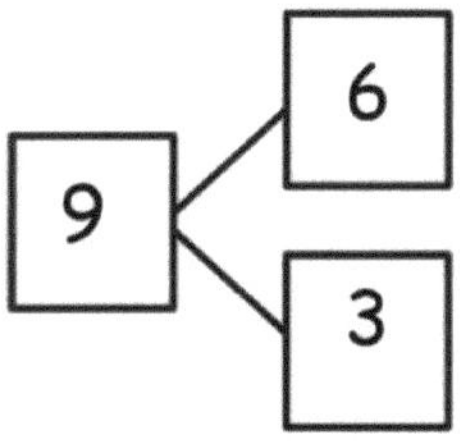

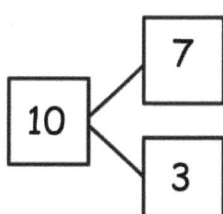

3

____ - ____ = ____

____ + ____ = ____

____ ○ ____ = ____

____ ○ ____ = ____

1 + 0	1 + 1	1 + 2	1 + 3	1 + 4	1 + 5	1 + 6	1 + 7	1 + 8	1 + 9
2 + 0	2 + 1	2 + 2	2 + 3	2 + 4	2 + 5	2 + 6	2 + 7	2 + 8	
3 + 0	3 + 1	3 + 2	3 + 3	3 + 4	3 + 5	3 + 6	3 + 7		
4 + 0	4 + 1	4 + 2	4 + 3	4 + 4	4 + 5	4 + 6			
5 + 0	5 + 1	5 + 2	5 + 3	5 + 4	5 + 5				
6 + 0	6 + 1	6 + 2	6 + 3	6 + 4					
7 + 0	7 + 1	7 + 2	7 + 3						
8 + 0	8 + 1	8 + 2							
9 + 0	9 + 1								
10 + 0									

مخطط الإضافة، بدءً من الدرس 21

الدرس 38: ابحث عن الاستدلال المتكرر واستفد منه في مخطط الجمع عن طريق حل مسائل الطرح.

اقرأ

جون لديه 10 أقلام رصاص. مارك لديه 9 أقلام رصاص. آنا لديها 8 أقلام رصاص. فقد جميعهم قلمين رصاص. كم عدد الملصقات لديهما الآن؟ اكتب الرابط الرقمي والجملة الرقمية لكل طالب.

ارسم

اكتب

_____

_____

_____

الاسم _____   التاريخ _____

ادرس مخطط الإضافة لحل وكتابة المسائل ذات الصلة.

0+1	0+2	0+3	0+4	0+5	0+6	0+7	0+8	0+9	0+10
1+1	1+2	1+3	1+4	1+5	1+6	1+7	1+8	1+9	
2+1	2+2	2+3	2+4	2+5	2+6	2+7	2+8		
3+1	3+2	3+3	3+4	3+5	3+6	3+7			
4+1	4+2	4+3	4+4	4+5	4+6				
5+1	5+2	5+3	5+4	5+5					
6+1	6+2	6+3	6+4						
7+1	7+2	7+3							
8+1	8+2								
9+1									

Pick a subtraction card.

Find the related addition fact on the chart and shade it in.

Write the subtraction sentence and the shaded addition sentence.

Write the other two related facts.

Continue for at least 6 turns.

1•1 الدرس 39 مجموعة المسائل

اختار بطاقة التعبير، واكتب 4 مسائل
تستخدم نفس الأجزاء والإجمالي.
ظلّل الإجمالي بالبرتقالي.

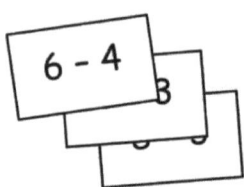

3

6 - 4 = 2
4 + 2 = 6
2 ⊕ 4 = 6
6 ⊖ 2 = 4

1. ___ - ___ = ___

___ + ___ = ___

___ ◯ ___ = ___

___ ◯ ___ = ___

2. ___ - ___ = ___

___ + ___ = ___

___ ◯ ___ = ___

___ ◯ ___ = ___

3. ___ - ___ = ___

___ + ___ = ___

___ ◯ ___ = ___

___ ◯ ___ = ___

4. ___ - ___ = ___

___ + ___ = ___

___ ◯ ___ = ___

___ ◯ ___ = ___

الدرس 39: حلل مخطط الجمع لإنشاء مجموعات من حقائق الجمع والطرح ذات الصلة.

الاسم ______________________ التاريخ ______________

اكتب الجمل الرقمية ذات الصلة بالراوبط الرقمية.

1.

____ - ____ = ____

____ + ____ = ____

____ ◯ ____ = ____

____ ◯ ____ = ____

2.

____ - ____ = ____

____ + ____ = ____

____ ◯ ____ = ____

____ ◯ ____ = ____

EUREKA MATH

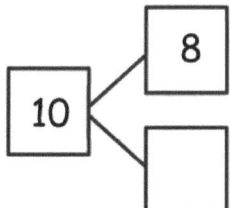

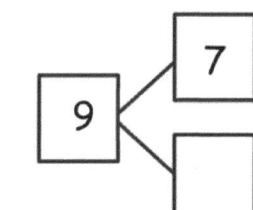

1 + 0	1 + 1	1 + 2	1 + 3	1 + 4	1 + 5	1 + 6	1 + 7	1 + 8	1 + 9
2 + 0	2 + 1	2 + 2	2 + 3	2 + 4	2 + 5	2 + 6	2 + 7	2 + 8	
3 + 0	3 + 1	3 + 2	3 + 3	3 + 4	3 + 5	3 + 6	3 + 7		
4 + 0	4 + 1	4 + 2	4 + 3	4 + 4	4 + 5	4 + 6			
5 + 0	5 + 1	5 + 2	5 + 3	5 + 4	5 + 5				
6 + 0	6 + 1	6 + 2	6 + 3	6 + 4					
7 + 0	7 + 1	7 + 2	7 + 3						
8 + 0	8 + 1	8 + 2							
9 + 0	9 + 1								
10 + 0									

مخطط الإضافة، بدءً من الدرس 21

الدرس 39: حل مخطط الجمع لإنشاء مجموعات من حقائق الجمع والطرح ذات الصلة.
267

Copyright © Great Minds PBC

وحدات دراسية

بذلت شركة Great Minds® قصارى جهدها للحصول على إذن لإعادة طباعة جميع المواد المحمية بحقوق الطبع والنشر. إذا لم يتم التعرف على أي مالك للمواد المحمية بحقوق الطبع والنشر هنا، يرجى الاتصال بـ Great Minds للحصول على الإقرار المناسب في جميع الإصدارات المستقبلية وإعادة طبع هذه الوحدة.